Grundlagen des Satellitenempfangs

Ratgeber für Einsteiger und Fortgeschrittene

Thomas Riegler

vth Verlag für Technik und Handwerk
Baden-Baden

Redaktion: Michael Büge
Lektorat: Alfred Klüß

Bibliografische Information der Deutschen Bibliothek
Die Deutsche Bibliothek verzeichnet diese Publikation in der Deutschen Nationalbibliografie; detaillierte bibliografische Daten sind im Internet über http://dnb.ddb.de abrufbar.

ISBN 3-88180-829-9
1. Auflage 2006 by Verlag für Technik und Handwerk
Postfach 22 74, 76492 Baden-Baden

Printed in Germany
Druck: WAZ-Druck, Duisburg

Inhaltsverzeichnis

Vorteile des Satellitenempfangs

Programmvielfalt

Im Vergleich zu allen anderen Verbreitungswegen, verfügt der Satellit über die größten Übertragungskapazitäten. Engpässe bei den verfügbaren Kabel- und DVB-T-Frequenzen kennt er nicht. Über Satellit ist die Programmvielfalt nahezu unbegrenzt. Schon mit einfachen Astra-Anlagen stehen über 120 freie deutschsprachige und zusätzliche verschlüsselte Programme bereit. Empfängt man mehrere Satelliten, hat man schnell Zugriff auf mehr als 500 frei empfangbare deutschsprachige und ausländische Fernsehstationen. Nicht zu vernachlässigen ist auch das Hörfunk-Angebot. Es umfasst ebenfalls hunderte Programme. Satelliten wie Astra, Hot Bird und weitere, bieten noch genügend Transponder-Kapazitäten für weitere Sender. Neue Programme sind deshalb zuerst über Satellit einem breiten Publikum zugänglich. Aus heutiger Sicht sind auf Satelliten selbst langfristig keine Engpässe zu erwarten. Möchte man das maximale Programmangebot nutzen, führt kein Weg am Satelliten vorbei. Vielfach wird übersehen, dass über Satellit auch zahlreiche Hörfunk-Programme ausgestrahlt werden. Alleine auf Astra finden sich neben allen öffentlich-rechtlichen Programmen aus Deutschland und Österreich auch viele deutschsprachige Privatsender. Dazu gibt es noch viele ausländische Kanäle.

Die Übertragungskapazitäten des Kabelfernsehens sind dagegen begrenzt. Es nutzt die auch für terrestrisches Antennenfernsehen genutzten Kanäle im VHF-Band 1 und 3 (Kanäle 2 bis 4 und 5 bis 12), sowie die daran anschließenden, ausschließlich vom Kabel genutzten Sonderkanäle. Ferner können auch die UHF-Kanäle 21 bis 69 herangezogen werden. Dafür müssen Kabel-Netze aber entsprechend erweitert sein, was nur bei modernen Anlagen der Fall ist. Selbst wenn die Netze des Kabelfernsehens in Zukunft nur noch digitale Programme anbieten, sind sie technisch nicht in der Lage, auch nur annähernd die Programmvielfalt des Satelliten bereitzustellen. Heute bieten sie annähernd 40 analoge und bis über 100 digitale Programme an. Verschiedene Kabel-Betreiber haben eigene digitale Premium-Pakete für diverse Interessensgebiete geschnürt, die gegen Extragebühr offeriert werden. Dazu zählen etwa Programme für Musik-Liebhaber oder ausländische Sender.

Die geringste Vielfalt bietet DVB-T. Je nach Region stellt das neue digitale Antennenfernsehen zwischen rund 11 und rund 25 Programme bereit. ARD und ZDF bekennen sich zum DVB-T-Vollausbau. Schon in wenigen Jahren werden den deutschen Fernsehteilnehmern über Antenne anstatt der ehemals drei analogen Kanäle elf öffentlich-rechtliche Sender zur Verfügung stehen. In größeren Ballungsräumen sind zudem die wichtigen Privatsender mit weiteren 12 Kanälen vertreten. Mit zusätzlichen Programmen darf jedoch kaum gerechnet werden. Einerseits ist die terrestrische Ausstrahlung für Programmanbieter der teuerste Verbreitungsweg, andererseits sind terrestrische Frequenzen ein rares Gut. Sie werden in Abstimmung mit benachbarten Bundesländern und Staaten koordiniert und stehen nur begrenzt zur Verfügung. Für Deutschland sind für jede Region sechs DVB-T-Frequenzen realistisch. Auf jeder finden bis zu vier Programme Platz. DVB-T will und kann gar nicht mit dem Kabel oder dem Satelliten konkurrieren. DVB-T ist nur in der Lage, eine Grundversorgung von Fernsehprogrammen bereitzustellen. Sie mag an Zweit- oder Drittfernsehern genügen oder im Wochenendhäuschen zufrieden stellen. In Zukunft wird DVB-T auch eine Rolle beim mobilen Fernsehempfang spielen.

Qualität

DVB-T kann Fernsehfreaks, die exzellente Bildqualität erwarten, kaum befriedigen. Das digitale Antennenfernsehen ist vor allem bestrebt, mit der begrenzten verfügbaren Übertragungskapazität einen für die meisten Zuseher akzeptablen Kompromiss anzubieten. Einerseits möchte man möglichst viele Programme anbieten, andererseits sollen die Signale mit kleinen Antennen leicht zu empfangen sein. Darunter leidet etwas die Bildqualität – eine Folge der geringen Datenrate, die für jedes Programm bereitsteht. Vor allem bei schnellen Bewegungen sind gelegentliche Beeinträchtigungen in Kauf zu nehmen.

Kabelfernsehen hat häufig mit Problemen grundlegenderer Art zu kämpfen. Um allen Teilnehmern ein einwandfreies Signal bereitzustellen, ist enormer technischer Aufwand erforderlich. Damit beim Teilnehmer noch etwas zu sehen ist, sind unter anderem in den kilometerlangen Kabelsträngen viele Verstärker eingebaut. Das steigert die Störanfälligkeit eines solchen Netzes. Entsprechend häufig lässt der Empfang auf verschiedenen Kanälen zu wünschen übrig. Besonders Programmen, die auf den höherfrequenteren Sonderkanälen oder im UHF-Band ausgekabelt werden, mangelt es häufig an dem für ein einwandfreies Bild benötigten Mindestsignalpegel. Analoge Programme sind in Folge mehr oder weniger verrauscht. Dem Autor sind sogar Extremfälle bekannt, wo in einzelnen Kabelnetzen bei einigen Sendern nicht einmal mehr ein Farbbild zu sehen ist. Empfängt man digitales Kabel, führt zu geringer Signalpegel zu Klötzchenbildungen oder Totalausfällen bei ganzen Programmpaketen.

Für unbefriedigenden Kabel-Empfang zeichnen aber nicht nur die Betreiber des Kabelfernsehens verantwortlich. Häufig wird, etwa in größeren Wohnhäusern, aber auch Hotels, Kabelfernsehen an einer zentralen Stelle eingespeist und anschließend über die hauseigene Fernsehanlage an alle Bewohner verteilt. Lässt die Qualität dieser Anlagen zu wünschen übrig, sind die beschriebenen Mängel ebenfalls an der Tagesordnung.

Selbst bei optimalem Signalpegel stellt das Kabel nicht immer zufrieden. Auf digitale Frequenzen werden immer wieder zu viele Programme gepresst. Vor allem Spartenkanäle, die nur eine Minderheit der Kabelkunden interessieren dürften, werden häufig mit sehr niedriger Datenrate angeboten. Während solche Stationen über Satellit ein durchaus zufrieden stellendes Bild liefern, ist im digitalen Kabel davon mitunter nicht mehr als ein Meer von digitalen Klötzchenbildungen zu erkennen. Spricht man Vertreter der Kabel-Betreiber auf solch unzumutbare Bildqualitäten an, versuchen diese immer wieder, mit nichts sagenden Worten abzuspeisen.

Die verhältnismäßig geringe Übertragungsqualität von DVB-T ist kein allzu großer Nachteil. Zumindest dann nicht, wenn man das digitale Antennenfernsehen primär auf kleineren Fernsehgeräten, also klassischen Zweit- und Drittgeräten, ansieht. Ähnlich verhält es sich beim Kabel. Kommen analoge Programme nur mit geringen Mängeln, fallen diese bei kleineren Bildschirmdiagonalen weniger auf.

Der Satellit stellt von allen digitalen Verbreitungswegen die beste Bildqualität bereit. Davon profitieren vor allem größere und/oder hochwertige Fernsehgeräte. Die bessere Bildqualität hat gleich mehrere Ursachen. Zuerst werden über Satellit die meisten Kanäle mit einer wesentlich höheren Datenrate übertragen, als etwa über Digital-Kabel oder DVB-T möglich. Vor allem öffentlich-rechtliche Sender statten ihre Programme mit exzellenter Bildqualität aus. ARD, ZDF, ORF und etwa die SRG bieten schon heute DVD-Qualität an. Da über Satellit grundsätzlich höhere Übertragungskapazitäten bereitstehen, gehen diese Sender vermehrt dazu über, 16:9-Sendungen mit voller Auflösung auszustrahlen.

Dazu etwas Theorie: Unser PAL-Fernsehbild besteht aus 576 sichtbaren Zeilen. Schaut man sich auf einem herkömmlichen Fernseher im 4:3-Format eine 16:9-Sendung (Breitbild-Format) an, sind am oberen und unteren Bildrand schwarze Streifen zu sehen. Sie nehmen rund 140 Zeilen des Fernsehbildes ein. Steht den Sendern nur wenig Bandbreite zur Verfügung, strahlen sie das Breitbild inklusive der schwarzen Streifen aus. Die sichtbaren Bildinhalte sind dann auf etwa 440 Zeilen enthalten. Mit Zoom-Funktionen des Fernsehgerätes werden diese 440 Zeilen formatfüllend gezeigt. Über Satellit strahlen vor allem öffentlich-rechtliche Sender Breitbildsendungen ohne schwarze Balken mit 576 sichtbaren Zeilen aus. Damit gewinnt das Bild etwa 30 % an Schärfe.

Auch Rundfunkprogramme werden über Satellit mit hoher Übertragungsqualität angeboten. Vor allem die ARD-Hörfunksender sind mit sehr hohen Datenraten ausgestattet und erlauben ein exzellentes, unvergleichliches Hörvergnügen. Zusätzlich strahlen über Satellit einige Sender, wie etwa Bayern 4 Klassik oder Ö1 ausgewählte Sendungen in Dolby Raumklang aus. Ist der Satelliten-Receiver an eine Dolby-Digital-Anlage angeschlossen, entführt Satellitenradio in den „siebten Himmel". Da kann UKW-Hörfunk nicht im entferntesten mithalten.

Verfügbarkeit

Auf terrestrischem Wege können Fernseh- und Hörfunk-Programme nur mit erheblichem Aufwand verbreitet werden. Sie verlangen eine kostenintensive Infrastruktur. Kabel-Fernsehen ist etwa nur auf Ballungsräume beschränkt. Die Versorgung ländlicher Regionen mit Kabelfernsehnetzen wäre nicht finanzierbar und würde sich niemals rechnen.

DVB-T löst gegenwärtig das analoge terrestrische Fernsehen ab. Ziel ist, ab etwa 2008 rund 90 % der deutschen Bevölkerung mit digitalen öffentlich-rechtlichen Programmen zu versorgen. Ein ähnliches Ziel hat sich auch Österreich gesetzt. DVB-T wurde vorrangig in dicht besiedelten Regionen eingeführt. Erst mit 2006 geht das digitale Antennenfernsehen in die Fläche. Da immer nur wenige Sender auf Digital umgerüstet werden, spricht man allgemein von Insel-Lösungen. Digitales Antennenfernsehen ist nur im Versorgungsgebiet von Fernsehsendern verfügbar, die schon digital ausstrahlen. Je größer die Distanz zum digitalen Fernsehsender, umso höher ist der Aufwand für die Antennenanlage. Während etwa in Sendernähe schon kleine Stabantennen genügen, ist an den Rändern der Versorgungszone nur noch Empfang mit Dachantennen möglich. Außerhalb dieser Versorgungszonen muss sich der Fernsehteilnehmer mit den drei analog verbreiteten Programmen begnügen. In bereits digitalisierten Regionen ist in der Regel kein Empfang analoger Programme mehr möglich. Ebenso ist der Zugang zu digitalen Antennensignalen in analogen Gebieten, falls überhaupt, nur mit erhöhtem Antennenaufwand realisierbar.

Kabelfernsehen und DVB-T sind regional begrenzt. Satellitenfernsehen kennt keine regionalen Grenzen. Alleine die auf Astra 19,2° Ost aufgeschalteten deutschen Programme sind in ganz Mittel- und Westeuropa schon mit kleinen Satelliten-Antennen ab rund 60 cm Durchmesser zu empfangen. Egal ob man sich in Flensburg, Rosenheim oder an der französischen Atlantikküste aufhält, über-

DVB-T-Empfangsbereich deutschlandweit

Stand: 29. Mai 2006

DVB-T: DasÜberallFernsehen

DVB-T ist in Deutschland noch nicht flächendeckend zu empfangen. Außerdem variiert die Programmvielfalt.

- DVB-T in Betrieb
- DVB-T in Betrieb (öffentlich-rechtlich)
- DVB-T Start in Planung 2006 (öffentlich-rechtlich)

Die Planungen von ARD und ZDF sehen vor, mindestens 90% der Bevölkerung bis Ende 2008 mit DVB-T zu versorgen.

Die Programmbelegung variiert in den einzelnen Regionen.
DVB-T-Projekte in Deutschland www.ueberallfernsehen.de

Stand: 29. Mai 2006

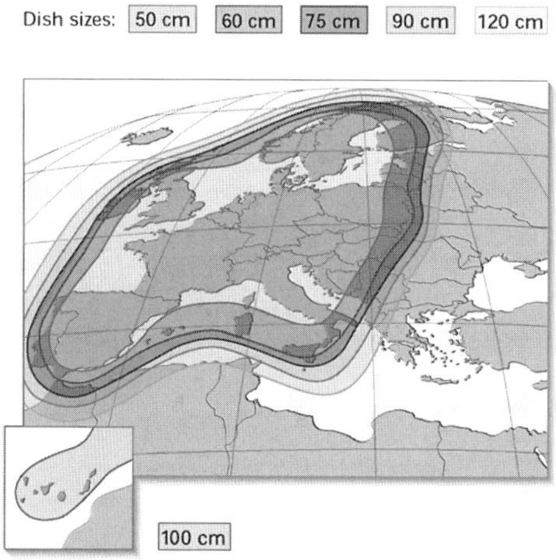

Die über Astra-Satelliten ausgestrahlten Programme sind in weiten Teilen Europas verfügbar und überall leicht zu bekommen.

all sind die Satelliten-Programme in gleicher Qualität verfügbar. Damit ist der Satellitenempfang nicht auf Ballungsräume begrenzt. Der Satellit erfüllt mehrere Aufgaben. Er dient einerseits zur Signalzuführung für die Netze des Kabelfensehens und eignet sich ebenso vorzüglich für den Direktempfang. Egal ob im Zentrum von Berlin oder auf einer hoch gelegenen Almhütte, Satellitenempfang ist überall möglich. Sogar dort, wo terrestrischer Empfang nur unzureichend oder überhaupt nicht möglich ist. Satellitenfernsehen bringt das maximale Programmangebot mit bester Qualität in den „hintersten Winkel".

Überall die gleichen Programme?

DVB-T und Kabelfernsehen haben lokalen Charakter. Über sie werden in erster Linie Programme angeboten, die für die Region wichtig sind. Die Programmbelegung von DVB-T variiert in erster Linie bei den aufgeschalteten dritten Programmen und deren Lokalversionen. Welche und wie viele Programme im Kabel geboten werden, ist Angelegenheit des Kabelnetz-Betreibers. Während das Grundangebot deutscher Programme bundesweit vergleichbar ist, gibt es vor allem bei Art und Anzahl von Spartensendern Unterschiede. Davon können etwa Fremdsprachen-Programme betroffen sein. Ob man auch nach einem Umzug in eine andere Stadt über Kabel etwa noch ein attraktives Paket türkischer Programme vorfindet, ist fraglich. Satelliten senden überregional. Die wichtigen, für Europa zuständigen Satelliten sind über weite Teile unseres Kontinents und sogar noch darüber hinaus zu sehen. Überall, wo etwa Astra zu sehen ist, stehen die gleichen Stationen zur Wahl. Dank Satellitenempfang kann man auch nach einem Umzug die gleichen Programme nutzen, wie zuvor. Davon profitieren im Besonderen fremdsprachige Sender. Während zum Beispiel im Kabel in der Regel nur wenige italienische oder türkische Sender verschlüsselt gegen Extragebühr angeboten werden, hat man über Satellit eine große Auswahl. Neben weit mehr als 100 italienischen und über 80 türkischen Fernsehkanälen gibt es auch ein breites Angebot von Sendern in anderen Sprachen. Die meisten, der im Kabel verschlüsselt übertragenen Minderheiten-Programme sind über Satellit frei empfangbar. Fremdsprachige Sender werden jedoch überwiegend über andere Satelliten übertragen.

Nur noch digital

Das Ende des analogen Zeitalters ist längst eingeläutet. Über Satellit hat sich weltweit längst der Digitalempfang etabliert. Nur im deutschen Sprachraum spielt der analoge Satellitenempfang noch eine Rolle. In Deutschland gewann der Satelliten-Direktempfang schon ab 1989 schnell an Bedeutung. Also zu einer Zeit, als es noch gar kein digitales Satellitenfernsehen gab. Als hierzulande in der zweiten Hälfte der 90er-Jahre erste digitale Programme starteten, konnten sie anfangs nur wenige Fernsehzuschauer begeistern. Da digitales Empfangsequipment anfangs teuer war und auch das analoge Programmangebot zufrieden stellte, wurden auch weiterhin viele Analog-Receiver verkauft. Selbst wenn seit Jahren fast nur noch Digitalboxen in den Handel gelangen, so haben selbst heute noch bekannte Firmen der Satelliten-Branche Analog-Geräte im Sortiment. Heute empfängt in Deutschland etwa noch jeder zweite Satelliten-Receiver analog. Ihre Zahl geht jedoch zugunsten immer preiswerter werdender Digital-Geräte schnell zurück.

Heute spricht nur noch wenig für den analogen Satelliten-Empfang. Die rund 40 analog ausgestrahlten Fernsehprogramme sind längst auch digital verfügbar. Die meisten neueren Programme gibt es überhaupt nur noch digital. Weshalb mit einem Digital-Receiver ein Vielfaches an deutsch- und fremdsprachigen Sendern verfügbar ist. Während in den nächsten Jahren die schrittweise Abschaltung der analogen Satellitenprogramme beschlossene Sache ist, kommen digital immer neue Kanäle hinzu.

Abseits von Astra spielt der analoge Satellitenempfang längst keine Rolle mehr. Da in anderen Märkten, wie etwa in Italien, Frankreich oder Nord- und Osteuropa der Satelliten-Direktempfang erst wesentlich später startete, spielte dort der Analog-Empfang stets nur eine untergeordnete Rolle. Analog gab es für diese Märkte auch nie viel zu sehen. In ihnen startete der Satelliten-Direktempfang auf breiter Front gleich digital.

Analog contra Digital

Funktion	Analog	Digital
Zukunftssicher:	nein	ja
TV-Programme:	44	>200 (nur FTA Astra)
Radio-Programme:	25	>190 (nur FTA Astra)
Pay-TV-Programme verfügbar:	nein	ja
Programmentwicklung:	fallend	steigend
Begleitende Programminfos:	nein	ja
EPG:	nein	ja
Digital-Ton:	nein	ja
Selbsterklärende Menüoberflächen:	nein	ja

Nur Digital-Receiver bieten Komfor

Heute ist davon abzuraten, noch einen Analog-Receiver zu kaufen. Er hat nur noch seine Berechtigung, wenn er ohnehin schon vorhanden ist. Spätestens wenn er eines Tages defekt wird, bietet sich der Wechsel auf die wesentlich komfortablere Digitaltechnik an. Analoge Boxen bieten nur wenig Komfort. Das beginnt schon bei der Sendersuche. Während bei Digital-Receivern ein automatischer Sendersuchlauf zur Standard-Ausstattung zählt, sind bei Analog-Boxen alle Programme manuell einzustellen und mit Namen zu versehen. Umfangreiche Editiermöglichkeiten der Senderlisten bietet die Analogtechnik ebenfalls kaum.

Die Vorteile des Digitalempfangs machen sich vor allem im täglichen Betrieb bemerkbar. Nach jedem Programmwechsel wird etwa eine kleine Infobox eingeblendet, die stets über den eingestellten Sender, die aktuelle Uhrzeit und den Titel der gerade laufenden Sendung informiert. Je nach Ausstattung des Receivers ist sie mit Beginn- und Endzeit gelistet und nennt auch die folgende Sendung. Mit der Info-Taste der Fernbedienung von Digital-Boxen lassen sich zu den gerade laufenden Inhalten auch Detailinfos aufrufen.

EPG

Darunter versteht man einen elektronischen Programmführer. Er steht exklusiv beim Digitalempfang bereit und wird mit der EPG-Taste der Fernbedienung aufgerufen. Der EPG kann, je nach Receiver-Modell in mehreren Varianten genutzt werden. Die vergleichende

Bei jedem Programmwechsel wird für einige Sekunden eine Infobox eingeblendet. Sie zeigt unter anderem, welche Sendung gerade läuft und welche folgt.

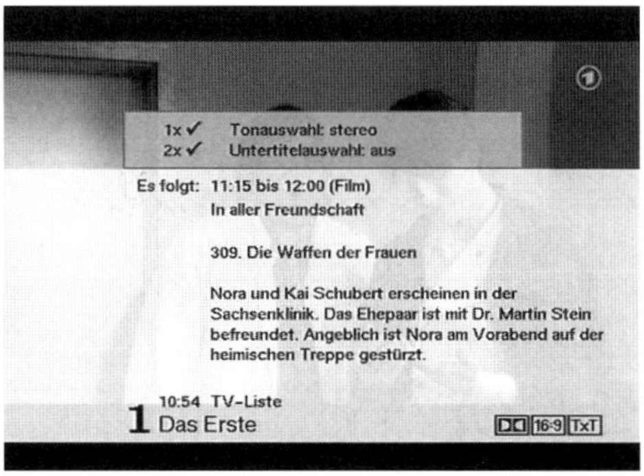

Mit der Info-Taste der Fernbedienung werden Hintergrundinfos zur laufenden Sendung eingeblendet.

Der EPG bietet verschiedene Darstellungsvarianten. Hier zeigt die vergleichende Liste, was jetzt gerade auf den einzelnen Sendern läuft.

Liste zeigt, welche Sendungen gerade auf den einzelnen Kanälen laufen. Alternativ stehen Tagesprogrammlisten einzelner Sender bereit. Sie zeigen bis zu einer Woche im Voraus die Programmvorschau des eingestellten Kanals. Detailinfos stehen auch innerhalb des EPG auf Abruf bereit. Verschiedene Receiver bieten auch redaktionell aufbereitete EPG-Daten, die etwa gezielt Sportsendungen oder Spielfilme auflisten. Über den EPG lassen sich auch sehr komfortabel Timer programmieren. Die aufzuzeichnende Sendung wird einfach mit den Pfeiltasten der Fernbedienung angesteuert und durch Tastendruck in den Timer übernommen. Mehr ist nicht zu tun. Vor allem die nach jedem Senderwechsel eingeblendete Infobox und der elektronische Programmführer werden von vielen als die relevanten Vorteile gegenüber dem Analog-Empfang genannt. Sie steigern den Bedienungskomfort entscheidend und tragen dazu bei, dass man leicht mit der neuen Technologie zurechtkommt.

Komfortable Menüführungen

Die gibt es beim analogen Satellitenempfang kaum. Um etwa Menüoberflächen für das Einstellen neuer Programme zu beherrschen, ist meist der Griff zum Handbuch erforderlich. Digital-Receiver bieten gefällig und übersichtlich gestaltete Menüoberflächen. Sie sind logisch gegliedert und selbsterklärend. Die unteren Zeilen der Menü-Seiten informieren, welche Einstellungen auf der gewählten Seite möglich sind, und mit welchen Tasten einzelne Parameter zu setzen sind. Die Navigation durch die Menüs wird auch durch eine breite Auswahl an Menüsprachen erleichtert. Während sich Analog-Boxen mitunter nur auf Englisch beschränken, bieten Digital-Receiver bis über 30 Menüsprachen.

Digital zuverlässigerer Empfang

Analoge Programme empfängt man nur bei optimal ausgerichteter Antenne einwandfrei. Schon geringfügige Mängel hinterlassen sichtbare Spuren im Bild. Lässt der Empfang nur geringfügig zu wünschen übrig, macht sich das unter anderem als leichtes Rauschen im Bild bemerkbar. Bei größeren einheitlichen Farbflächen kann es zudem zum vermehrten Auftreten von weißen oder schwarzen Fischchen (Fachausdruck: Spikes) kommen. Selbst bei einwandfreiem Signal ist stets ein leichtes systembedingtes analoges Farbrauschen zu erkennen.

Digitalfernsehen ist leichter zu empfangen. Ab Erreichen des Mindestsignalpegels ist das Bild stets einwandfrei. Auch das bei analogen Übertragungstechniken typische Farbrauschen tritt nicht auf. Damit wirkt das digitale Bild als gesamtes schöner und klarer.

Der gute Ton

Zum besseren Bild gehört auch der sehr gute Ton. Beim digitalen Satelliten-Empfang ist er digital und steht am Receiver an einer optischen oder koaxialen Digitalton-Buchse bereit. Über sie kann man nicht nur Stereo genießen. Verschiedene Programme, wie ZDF, SAT1, ProSieben oder RTL strahlen auch Dolby-Digital-Tonspuren aus, über die ausgesuchte Sendungen, wie Spielfilme, im faszinierenden Raumklang geboten werden. Einige preiswerte Digital-Receiver haben nur analoge Audio-Buchsen eingebaut. Mit ihnen kann man Dolby-Surrond nicht nutzen.

Was braucht man für den Satellitenempfang?

Um an der grenzenlosen Programmvielfalt des Satelliten-Fernsehens teilhaben zu können, braucht es gar nicht viel. Grundvoraussetzung ist freie, ungehinderte Sicht zum Satelliten und ein geeigneter Platz für die Antennenmontage. Neben einer Antenne die auf den Satelliten auszurichten ist, braucht man nur noch einen Receiver, mit dem man die Programme empfängt. Dazu ist eine Mast- oder Wandhalterung erforderlich, an der die Antenne montiert wird, sowie mehrere Meter Antennenkabel. Zum Teil werden Komplettsets mit Spiegel und Receiver angeboten. Zum Teil sind in ihnen sogar alle erforderlichen Kabel und eine Wandhalterung enthalten. Welche Komponenten man konkret braucht, hängt davon ab, was man von der Satellitenanlage erwartet. Der Fachhandel stellt alle Komponenten zusammen, die benötigt werden. Satelliten-Empfang ist überaus preiswert. Einfache Einsteiger-Anlagen bekommt man mitunter schon für weniger Geld, als man für eine gewöhnliche Dachantenne, etwa für DVB-T, bezahlen müsste.

Die Satellitenantenne

Guter Satellitenempfang – Nicht nur eine Frage des Antennen-Durchmessers

Die Satelliten-Antenne bestimmt, wie gut der Empfang gelingt. Je nach Einsatzgebiet sind allerdings verschiedene Durchmesser gefordert. Auch der Qualität der Antenne ist das nötige Augenmerk zu schenken. Der Antennendurchmesser richtet sich nach dem Einsatzzweck und den zu empfangenden Satelliten. Damit Satellitensignale vom Receiver einwandfrei verarbeitet werden können, muss das Nutzsignal einen gewissen Mindestwert haben. Der so genannte C/N-Wert sagt aus, wie viele dB das zu empfangende Signal über dem Grundrauschen liegt. Er beinhaltet auch Schlechtwetterreserven. Sie sollen die dämpfende Wirkung von dichten Wolken, Regen und so weiter abfangen. Bei Einzel-Empfangsanlagen soll das Nutzsignal zumindest 10 dB über dem Grundrauschen liegen. Für Mehrteilnehmer-Anlagen sind 12 dB, für Kopfstationen des Kabelfernsehens 14 dB gefordert.

Die Sendeleistung der Satelliten ist unterschiedlich. Zudem strahlen sie in verschiedene Zielgebiete ab. Der Antennen-Mindestdurchmesser richtet sich nach der Signalstärke, die der gewünschte Satellit am Empfangsort bereitstellt. Kleine Satellitenantennen eignen sich nur für leistungsstarke Satelliten. Mini-Antennen mögen zwar bei Schönwetter für einwandfreien Digital-Empfang sorgen, zeigen aber Schwächen bei Schlechtwetter. Da Satelliten über unterschiedliche Ausleuchtzonen abstrahlen, werden nicht alle Programme mit demselben Nutzsignalpegel empfangen. So kann es schon bei dichterer Bewölkung zu ersten Empfangseinbußen kommen. Sie machen sich als Klötzchen im Bild bemerkbar, oder es sind verschiedene Sender gar nicht mehr zu sehen.

In Deutschland sollte bei Einteilnehmer-Anlagen für reinen Astra-Empfang (19,2° Ost) zumindest eine qualitativ hochwertige 60-cm-Antenne zum Einsatz kommen. Nur sie bietet genügend Systemreserven, um auch unter widrigen Witterungsverhältnissen guten Empfang zu gewährleisten. Noch empfehlenswerter sind allerdings Antennendurchmesser von rund 90 cm. Sie überzeugen nicht nur durch

Zu kleine, aber auch schlecht ausgerichtete Antennen sind besonders bei schlechtem Wetter die Ursache für unzureichenden Empfang auf einzelnen Kanälen.

noch bessere Empfangsleistungen, sondern schaffen auch Flexibilität. Kürzlich hat Astra damit begonnen, eine zweite Satellitenposition für den Direktempfangsmarkt zu etablieren. Als ersten Schritt hat Premiere auf 23,5° Ost ein fremdsprachiges Pay-TV-Paket aufgeschaltet. Ziel von Astra ist es, die zweite Position durch interessante Programme auch für den deutschsprachigen Markt attraktiv zu machen. Größere Antennen ab etwa 85 cm lassen sich bei Bedarf jederzeit nachträglich zur Doppelfeed-Anlage erweitern. Mit ihr werden zwei Satellitenpositionen mit einer Antenne empfangen. Neben den eben genannten beiden Astra-Positionen bieten sich vor allem Astra 19,2° Ost und Hot Bird auf 13° Ost an. Damit kann man neben den deutschsprachigen Programmen auch viele internationale Sender aus aller Welt sehen.

Diese 90-cm-Antenne wurde nachträglich auf Zweisatelliten-Empfang erweitert. Mit kleineren 60-cm-Spiegeln ist das nicht möglich.

Welcher Durchmesser für welche Anwendung?

Sehr kleine Satellitenspiegel sind primär für den Camping-Bereich vorgesehen. Sie haben einen Durchmesser von etwa 35 bis 45 cm und werden vielfach als Kompletsets für mobile Anwendungen angeboten. Sie sind für den Empfang digitaler Astra-Programme ausgelegt. Ihre Empfangsleistungen genügen, um zumindest in Mitteleuropa einen ausreichenden Empfang zu gewährleisten. Viele Modelle arbeiten jedoch schon bei Schönwetter an der Grenze des gerade noch Machbaren. Schlechtwetter-Reserven bieten sie kaum. Mit ersten Programmausfällen muss man demnach schon bei leichtem Regen rechnen. Kleine Camping-Spiegel sind kein Ersatz für Satellitenantennen herkömmlicher Größe. Sie sind primär eine Kompromiss-Lösung, bei der den beengten Platzverhältnissen bei Camping-Reisenden Rechnung getragen wird. Da Mini-Antennen nur sehr wenig Platz benötigen, lassen sie sich unauffällig etwa am Balkon aufstellen. Sie erfordern keine fixe Montage. Mit Kleinst-Antennen kann man trotz eines Antennenverbots des Hauseigentümers heimlich an der bunten

Alleine dieser Größenvergleich zwischen 40- und 90-cm-Antenne zeigt, dass man von Mini-Antennen keine Wunder erwarten darf. Erst Antennendurchmesser ab rund 60 cm liefern genügend Power für störungsfreien Empfang.

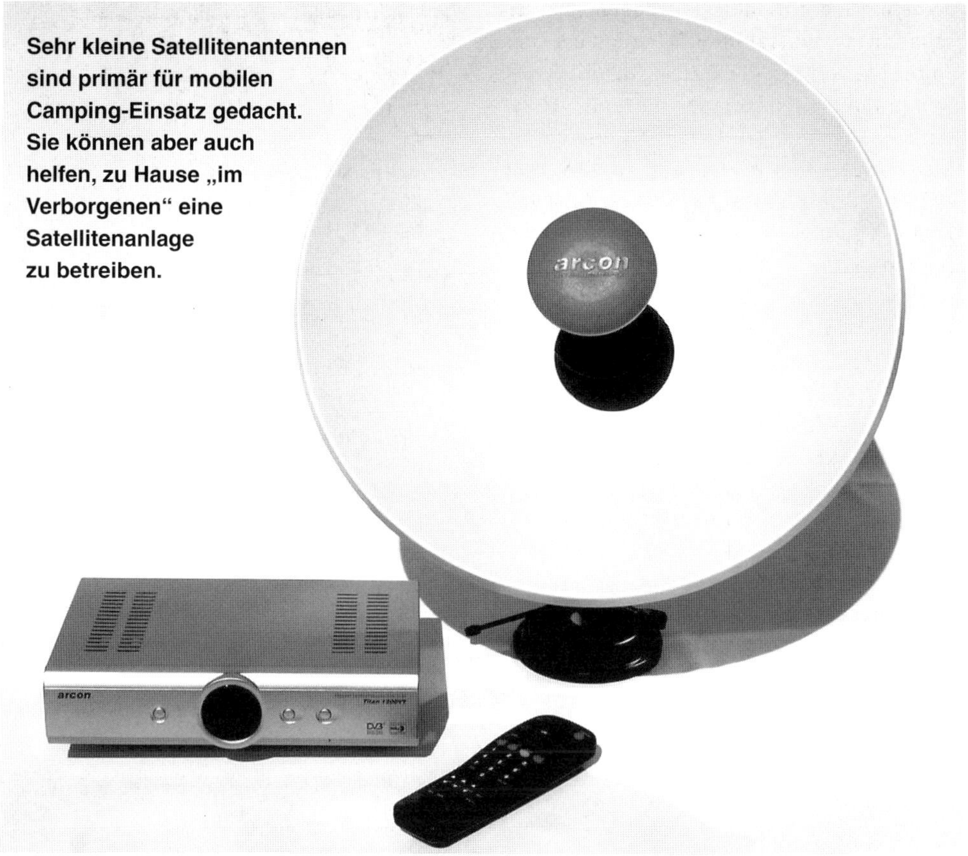

Sehr kleine Satellitenantennen sind primär für mobilen Camping-Einsatz gedacht. Sie können aber auch helfen, zu Hause „im Verborgenen“ eine Satellitenanlage zu betreiben.

Welt des Satellitenempfangs teilhaben. Dabei wird man verschiedene Einschränkungen, wie möglicher unzureichender Empfang auf einigen Kanälen und fehlende Schlechtwetter-Reserven, gerne in Kauf nehmen.

Darf eine Satellitenantenne montiert werden, sind Durchmesser von zumindest 60 cm zu empfehlen. Sie genügen in der Regel für den Empfang von Astra auf 19,2° Ost. Im äußersten Osten Deutschlands und Ostösterreich kann es mit 60er-Spiegeln vereinzelt zu Empfangsbeeinträchtigungen kommen. Hier empfehlen sich mindestens 75 cm Durchmesser. Für Doppel- oder Mehrfachfeed-Anlagen für den gleichzeitigen Empfang mindestens zweier Satelliten mit einer Antenne, sind sie jedoch zu klein. Am besten ist man mit einer 90-cm-Antenne bedient. Sie bietet hohe Empfangsreserven und eignet sich auch für den Empfang mehrerer Satelliten. Man kann sie sogar zur Drehanlage erweitern. Während die kleineren Typen primär für Einteilnehmer-Anlagen genügen, empfehlen sich die größeren Modelle auch für Mehrteilnehmer-Anlagen. Sie erlauben in Einfamilienhäusern den gleichzeitigen unabhängigen Betrieb mehrerer Receiver. Mehrteilnehmer-Anlagen findet man auch bei Reihenhäusern.

Qualität der Satellitenantenne

Guter Satelliten-Empfang hängt nicht nur von der Größe der Antenne ab. Entscheidend ist ihre Verarbeitungsqualität. Dazu zählt die exakte Formgebung des Reflektors genauso, wie dessen Materialbeschaffenheit. Ist er aus sehr dünnem Blech geformt, besteht die Gefahr, dass man ihn bereits bei der Installation verbiegt. Das muss zwar nicht mit freiem Auge sichtbar sein, schmälert aber dennoch die Empfangsleistungen. Zu dünnes Stahlblech oder Aluminium laufen auch Gefahr des Verbiegens bei Stürmen. Vor allem böenartige heftige Winterstürme haben schon mancher Satelliteantenne ein jähes Lebensende beschert. Neben Wind kann auch Hagelschlag die Empfangsleistungen beeinträchtigen. Verursachen Hagelkörner mehrere größere Dellen, kann das ebenfalls sichtbare Empfangsbeeinträchtigungen nach sich ziehen – vor allem bei kleineren Durchmessern.

Eine hochwertige Satellitenantenne zeichnet sich auch durch einen soliden LNB-Arm und witterungsbeständige Materialien aus. Mastschellen sollen zum Beispiel aus verzinktem Blech gefertigt sein. Selbst verzinkte Eisenteile sind kein Garant gegen Rostfraß. Bei qualitativ minderwertigen Modellen ist der Korrosionsschutz häufig nur mangelhaft ausgeführt und bietet keinen dauerhaften Schutz. Gleiches gilt auch für den Reflektor. Ferner sollen nur Edelstahl-Schrauben zum Einsatz kommen. Kunststoff-Material muss eine hohe UV-Beständigkeit aufweisen.

Nur bekannte Marken-Hersteller erfüllen diese Anforderungen und gewährleisten die Langlebigkeit einer Satelliten-Antenne. Qualität kostet zwar etwas Geld, man erspart sich aber viel Ärger. Man muss sich weder mit sich verbiegenden Reflektoren bei der Installation, noch mit hässlichen braunen Flecken an der Hausfassade, die durch verrostete Schrauben und Blechteile verursacht werden, herumärgern. Zudem bieten solide Marken-Antennen einen um bis zu 4 dB höheren Gewinn im Vergleich zu billiger No-Name-Ware – bei gleichem Durchmesser!

Als weiterer, nicht minder wichtiger Punkt, ist auf die Konstruktion der Satellitenantenne zu achten. Billige Antennen werden oft in vielen Einzelteilen zerlegt geliefert und müssen vom Monteur erstmal in mühevoller Kleinarbeit zusammengebaut werden – das

Das muss nicht sein. Minderwertige Satellitenantennen werden schon nach wenigen Jahren zum Schandfleck des Hauses. Sie lassen oft auch in den Empfangsleistungen zu wünschen übrig.

kostet Zeit und Geld. Zudem präsentieren sich solche Antennen oft als wackeliges „Etwas". Ob sie auf viele Jahre hindurch der Unbill der Witterung trotzen, sei dahingestellt. Immerhin muss die Antenne starken Windböen, Hagel, direkter Sonneneinstrahlung – Stichwort: UV-Beständigkeit, und mehr, standhalten. Nur eine stabile, massiv gefertigte Antenne kann diese Anforderungen erfüllen.

Bauarten der Satellitenantennen

Offset-Antennen

Für den Satelliten-Direktempfang kommt heute beinahe nur die Offset-Antenne zum Einsatz. Satellitenantennen von etwa 50 bis 120 cm Durchmesser sind dieser Bauart zuzuordnen. Nur bei sehr kleinen Camping-Anlagen kommen auch andere Bauformen zur Anwendung. Die Offset-Antenne hat eine leicht ovale Form. Bei ihr liegt der Brennpunkt, also dort, wo der LNB montiert ist, nicht

Redet man in unseren Breiten allgemein von einer Satellitenantenne, ist eine Offset-Antenne gemeint. Diese Bauform findet beinahe überall Anwendung.

im Antennenmittelpunkt. Er wurde mittels konstruktiver Maßnahmen etwas nach unten verschoben. Meist sind es an die 20 Grad. Da die Offset-Antenne steiler zum Satelliten schaut als etwa die Primefocus-Antenne, lässt sie sich leicht an Hauswänden montieren. Ihr Platzbedarf ist nur gering. Vorteile ergeben sich auch im Winter. Da eine etwa auf Astra ausgerichtete Antenne weitgehend senkrecht montiert ist, bleibt im Reflektor Schnee kaum liegen. Sammelt er sich dennoch an, rutscht er durch sein Eigengewicht meist schnell wieder aus dem Reflektor heraus.

Gitterantennen

Gelegentlich werden auch so genannte Gitter-Antennen angeboten. Sie haben ebenfalls meist Offset-Bauform. Bei ihnen besteht der Reflektor nicht aus einem soliden Metall- oder Kunststoffteil, sondern aus einem feinmaschigen Gittergeflecht. Sie werden unter anderem als unsichtbare Antennen beworben. Gitterantennen sind in der Tat schwerer auszumachen, als Modelle mit solidem Reflektor. So reizvoll diese Antennentype sein mag, so sehr ist sie aber abzulehnen. Sie birgt mehrere gravierende Nachteile in sich. Die von Satelliten ausgestrahlten Signale haben eine sehr geringe Wellenlänge. Werden sie mit einem Gitter-Spiegel empfangen, werden nicht alle Wellen vom Reflektor reflektiert und zum Brennpunkt gebündelt. Ein Teil rutscht sozusagen durch die Löcher durch. Damit hat die Antenne schlechtere Empfangsleistungen als ein gleich großer Vollspiegel. Man sagt auch: sie hat einen schlechteren Wirkungsgrad. Gitterspiegel sind auch nicht sonderlich stabil. Obwohl sie winddurchlässig sind, können sie sich verbiegen. Da sie ferner keine plane Oberfläche haben, bleibt in ihnen im Winter Schnee leichter haften.

Flachantennen

Die Flachantenne ist eine Sonderform von Satellitenantennen. Sie findet überwiegend beim mobilen Satellitenempfang ihr Einsatzgebiet. Flachantennen besitzen weder einen Reflektor in klassischer Bauweise, noch einen LNB, der im Brennpunkt des Spiegels montiert ist.

Flachantennen finden wegen ihrer kompakten Bauform vor allem im Camping-Bereich Anwendung.

Sie haben eine quadratische Bauweise mit etwa 50 cm Kantenlänge und sind rund 15 cm dick. Ihr Wirkungsgrad entspricht etwa dem einer herkömmlichen 55-cm-Antenne. Diese Bauart eignet sich zum Anpeilen leistungsstarker Satelliten. Meist findet man Flachantennen auf den Dächern von Wohnmobilen oder Wohnanhängern. Ihre flache Bauweise harmonisiert optimal mit den geringen vorhandenen Platzverhältnissen. Empfängt man digital, reichen die Empfangsleistungen einer Flachantenne in weiten Teilen Europas für Astra, Hot Bird, aber auch andere Satelliten. Diese Bauart lässt sich auch stationär nutzen. Ihre kompakte Bauweise bietet die Möglichkeit der unauffälligen Installation. Flachantennen sind systembedingt nur für den Empfang eines Satelliten geeignet. Das Aufrüsten zu einer Doppelfeed-Anlage ist hier nicht möglich. Flachantennen gibt es für Ein- und Zweiteilnehmer-Anlagen. Da bei ihnen der LNB nicht ausgetauscht werden kann, muss man sich schon vor dem Kauf über das beabsichtigte Einsatzgebiet im Klaren sein.

Spiegel-Materialien

Reflektoren von Satellitenantennen können aus Aluminium, Stahl oder Kunststoff gefertigt sein. Obwohl alle drei Materialen bei guter Verarbeitung gleichwertige Empfangsresultate liefern, gilt es bei der Auswahl der Satellitenantenne auf einige Details zu achten. Sie entscheiden unabhängig vom letztendlich gewählten Werkstoff über die Langlebigkeit des Produkts.

Stahl

Stahl-Spiegel findet man häufig bei billigen Anlagen. Auf Korrosionsbeständigkeit und gute Verarbeitungsqualität wird zumindest bei verschiedenen No-Name-Produkten nicht die erwünschte Aufmerksamkeit gelenkt. Mangelhafte Verarbeitungsqualität erkennt man häufig an Kanten des Reflektors und der Masthalterung. Oft ist billigen Antennen auch minderwertiges Schrauben-Material beigepackt. Sind sie einmal vom Rostfraß befallen, lassen sie sich kaum noch lösen. Sie sorgen auch für hässliche braune Flecken an den Hausfassaden.

Stahl hat einen relativ schlechten Wärmeleitkoeffizienten. Bei Eisregen im Winter sammelt sich sehr schnell eine Eisschicht im Reflektor an. Sie kann den Empfang bis zur Unbrauchbarkeit beeinträchtigen. Da es wegen der geringen Wärmeleitfähigkeit nur langsam bei Sonneneinstrahlung aufgetaut wird, können diese Störungen für längere Zeit andauern.

Kunststoff

Kunststoff-Reflektoren sind gegen Vereisung weniger anfällig. Da ihre Oberfläche jedoch meist etwas rauer ist, bleibt in ihnen Schnee relativ schnell haften. Da Kunststoff Wärme nur schlecht leitet, wird Schnee bei direkter Sonneneinstrahlung nur langsam geschmolzen. Von Kunststoff-Spiegeln ist ferner eine hohe UV-Beständigkeit gefordert.

Aluminium

Spiegel aus Aluminium zeichnen sich grundsätzlich durch ihre gute Wärmeleitfähigkeit aus. Dadurch bleibt in ihnen Schnee und Eis kürzer haften, als bei den anderen Materialen. Sollte sich im Reflektor im Winter dennoch Schnee oder Eis ansammeln, wird es bei der ersten Sonneneinstrahlung auf Grund der schnellen Erwärmung des Materials schnell weg geschmolzen. Aluminium ist ein sehr witterungsbeständiges Material. Es rostet auch nicht. Aluminium-Spiegel machen jedoch nur Sinn, wenn sie entsprechend stabil gefertigt sind.

Zu beachten

Bei Metall-Reflektoren ist neben dem Rost- und Korrosionsschutz auf die Materialstärke zu achten. Ist er aus dem, zu den weichen Metallen zählendem Aluminium gefertigt, muss er eine Mindestdicke von mehreren Millimetern aufweisen. Immer wieder ködern Discounter-Angebote mit dem Argument „Alu-Spiegel“. Diese sind aber in der Regel aus derart dünnem Material gefertigt, dass sich der Reflektor selbst bei schonender Handhabung schon bei der Installation und Montage mehr oder minder verbiegt. Solide Reflektoren erkennt man nicht nur an deren Wandstärke, sondern auch am Gewicht. Gute Verarbeitungsqualität und der Einsatz witterungsbeständiger Materialien haben zwar ihren Preis, verhindern aber die langsame, aber sichere Zerstörung der Antenne durch Rost. Die Lackierung einer Antenne hat nicht nur den Nutzen, dem Ding eine angenehme, bzw. unauffällige Farbe zu verpassen, sondern ist mitverantwortlich, wie leicht Schnee oder Eis an der Antenne haften bleiben kann.

Der LNB

Der LNB ist im Brennpunkt der Satellitenantenne montiert und empfängt die vom Satelliten ausgestrahlten Programme. Er verstärkt sie und konvertiert sie auf tiefere Frequenzen im Bereich von 950 bis 2.150 MHz. Dies ist notwendig, da sich die vom Satelliten empfangenen Signale im Frequenzbereich um 11 und 12 GHz (Ku-Band) kaum über Antennenkabel transportieren lassen. Das Ku-Band wird im LNB in zwei Teilfrequenzbänder aufgeteilt. Das untere Ku-Band umfasst den Bereich von 10,7 bis 11,7 GHz. Er wird mit einem Übersetzungsverhältnis von 9,75 auf den Bereich von 950 bis 2.150 MHz umgewandelt. Man spricht auch von einer ZF (Zwischenfrequenz) von 9,75 GHz. Das obere Ku-Band von 11,7 bis 12,75 GHz wird vom LNB ebenfalls auf 950 bis 2.150 MHz konvertiert. Hier kommt jedoch eine ZF von 10,6 GHz zur Anwendung.

An den LNB wird der Receiver direkt angeschlossen. Die Verbindung zwischen beiden Geräten erfolgt über das Koaxial-Antennenkabel. Neben dem Transport von Fernseh- und Radioprogrammen wird darüber auch die LNB-Stromversorgung bewerkstelligt. Bei größeren Mehrteilnehmeranlagen ist häufig zwischen LNB und Receiver ein Multischalter eingefügt. Er macht die Satellitensignale an mehreren Receivern zugänglich. Moderne LNB für Mehrteilnehmer-Anlagen haben ihn bereits integriert. An sie können bis zu acht Teilnehmer direkt angeschlossen werden.

So gut wie alle Satelliten-Antennen haben einen genormten Flansch für die Aufnahme eines LNBs. Er hat einen Durchmesser von 40 mm. Davon abweichend gibt es auch LNB-Typen mit einem Durchmesser von 23 oder 60 mm. Beide Typen hatten in den 90er-Jahren eine gewisse Verbreitung. Deshalb findet man sie, falls überhaupt noch, an alten, nur analog empfangenden Satellitenanlagen. Werden sie auf Digitalempfang hochgerüstet, kann es Probleme bei der Beschaffung eines modernen LNBs mit einen Durchmesser von 23 mm geben. Solche Typen werden kaum noch gebaut. Einfacher ist es, einen aktuellen LNB in einer 60-mm-Halterung eines alten Spiegels zu montieren. Dafür gibt es spezielle Adapterringe.

Weist die alte Satellitenantenne schon deutlich sichtbare Alterserscheinungen auf, ist es ratsam, sie bei der Umstellung auf Digitalempfang ebenfalls auszutauschen.

Analoger oder digitaler LNB?

Mit Aufkommen erster digitaler Satellitenprogramme wurden die Begriffe „analoger“ und „digitaler LNB“ geboren. Konnte ein LNB nur den Bereich von 10,7 bis 11,7 GHz (unteres Ku-Band) empfangen, sprach man allgemein von einem analogen LNB. Bei den LNBs, die auch das obere Ku-Band empfangen, wird in der Umgangssprache häufig vom digitalen LNB gesprochen. Diese genau genommen unrichtigen Bezeichnungen entstanden, weil anfangs auf Astra bis 11,7 GHz ausschließlich analoge und darüber nur digitale Programme übertragen wurden. Auf anderen Satelliten gab es diese Trennung nie. Jeder LNB empfängt grundsätzlich analoge und digitale Signale, allerdings nur auf den Frequenzbereichen, für das es vorgesehen ist.

Qualität entscheidet

Die Erwartungshaltung an den LNB ist sehr groß. Es soll für viele Jahre seinen Dienst zur allgemeinen Zufriedenheit erfüllen. Wartungsarbeiten sind nicht erwünscht. Zuerst gilt es der Verarbeitungsqualität des LNB-Gehäuses Augenmerk zu schenken. Es sollte solide und präzise gefertigt sein. Minderwertige Kunststoffschalen verziehen sich mitunter schon bei länger andauernder direkter Sonneneinstrahlung. Damit kann besonders im Winter Feuchtigkeit durch die Spalte ins Innere dringen. Das Gehäuse sollte neben einem ausreichenden Schutz gegen Regen, Nebel und Schnee, auch Hagel standhalten können. Es muss auch passgenau die empfindliche Empfangselektronik einfassen. Scheppert der LNB, ist das kein Qualitätskriterium. Da in solchen Fällen die Elektronik im Gehäuse zu liegen kommt, wie sie will, beeinflusst das mitunter auch die Empfangsleistungen.

Zu den Schwachpunkten mancher billiger Konverter zählt die Feed-Abdeckung. Sie befindet sich im Brennpunkt der Antenne, also dort, wo es bei direkter Sonneneinstrahlung zur größten Hitzeentwicklung kommt. Sie hat schon manche qualitativ minderwertige Schutzkappe zum Schmelzen gebracht. Zu den heiklen Punkten gehört auch die F-Buchse. Ist sie nicht vollständig abgedichtet, kann Feuchtigkeit in das Innere des Steckers gelangen. Ein Ausfall der Anlage, hervorgerufen durch Kriechströme und der damit verbundenen Zersetzung des Innenleiters des Antennenkabels, ist die unausweichliche Folge. Dicht abschließende Gummitüllen oder verschiedene Konstruktionen des LNB-Gehäuses schaffen Abhilfe.

Rauschzahl

Die Rauschzahl ist ein Maß für die Empfangsleistung und wird beim Ku-Band-LNB in dB angegeben. Je geringer sie ist, umso empfindlicher ist der LNB. Heute sind Rauschzahlen von rund 0,2 bis 0,6 dB üblich. Wie die langjährige Praxis beweist, sind die dB-Angaben nicht überzubewerten. Einerseits sind die Unterschiede, etwa zwischen 0,3 und 0,4 dB sehr gering, andererseits kommt es darauf an, unter welchen Voraussetzungen diese Werte von den Herstellern ermittelt wurden. Letztendlich spielen auch die Fertigungstoleranzen eine Rolle. Innerhalb einer Serie sind eben manche LNBs besser, manche etwas schlechter. Empfängt man ortsübliche Satelliten, wie etwa Astra oder Hot Bird, ist es bei Standard-Satellitenantennen ab etwa 60 cm egal, ob der LNB eine Rauschzahl von 0,2 oder 0,8 dB hat. Die Empfangsleistungen der heute im Fachhandel erhältlichen LNBs stellt durchweg zufrieden.

LNBs – Welche Type für welchen Zweck?

Der Fachhandel hält viele LNB-Typen bereit. Sie sind, bis auf wenige Ausnahmen, durchweg Variationen des heute allgemein üblichen Universal-LNBs. Je nachdem, ob ein oder mehrere Receiver mit Satellitensignalen versorgt werden sollen, kommen unterschiedliche Typen in Frage. In Folge werden die heute aktuellen LNB-Typen vorgestellt.

Universal-LNB

Obwohl es heute zahlreiche LNB-Typen gibt, lassen sich alle auf die gleiche LNB-Norm zurückführen: der Universal-LNB. Er hat sich Ende der 90er-Jahre mit Aufkommen des digitalen Satellitenfernsehens etabliert. Beim Universal-LNB sind alle für den Satellitenempfang wichtigen Steuersignale genormt. Wird vom Receiver eine Speisespannung von 14 Volt ausgegeben, empfängt es ausschließlich vertikal ausgestrahlte Programme. Auf die horizontale Empfangsebene wird mit 18 Volt geschaltet. Mit dem 22-kHz-Steuersignal wird zwischen unterem und oberen Ku-Band umgeschaltet. Zu den Spezifikationen des Universal-LNBs zählt auch die Zwischenfrequnz ZF, also das Übersetzungsverhältnis, mit dem hochfrequente Satellitensignale in solche, für den Satelliten-Receiver empfangbare umgewandelt werden. Im unteren Ku-Band kommt eine ZF von 9,75 GHz, im oberen Ku-Band von 10,6 GHz zur Anwendung. Alle gängigen LNB-Typen, wie etwa der Single- oder Quattro-LNB sind Universal-LNBs. Sie unterscheiden sich nur in den vorgesehenen Anwendungsgebieten.

ZF-Werte Universal-LNB

unteres Ku-Band	9,75 GHz
oberes Ku-Band	10,6 GHz

Single-LNB

Die einfachste LNB-Variante ist der Single-LNB. Er hat einen F-Anschluss und versorgt einen Receiver mit „himmlischen“ Signalen. Da er stets nur eine der vier Übertragungs-

Schaltkriterien Universal-LNB

Ku-Bandbereich	Frequenzbereich	Polarisation	Speisespannung	22-kHz-Signal ein
unteres Ku-Band	10,7-11,7 GHz	Vertikal	14 V	
unteres Ku-Band	10,7-11,7 GHz	Horizontal	18 V	
oberes Ku-Band	11,7-12,75 GHz	Vertikal	14 V	x
oberes Ku-Band	11,7-12,75 GHz	Horizontal	18 V	x

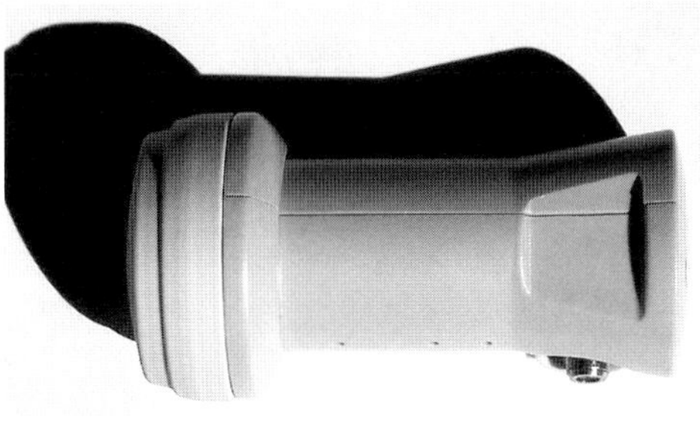

Der Single-LNB kommt bei Einteilnehmer-Anlagen zur Anwendung. Er ist oft Bestandteil preiswerter Startersets.

Ebenen des Ku-Bands empfängt, funktioniert er ausschließlich an Einteilnehmer-Anlagen. Single-LNBs gehören auch zur Standardausstattung billiger Satelliten-Komplettsets, die man mitunter schon für wenige Euro bekommt.

Twin-LNB

Der Twin-LNB ist für Zweiteilnehmer-Anlagen konzipiert. Er besitzt zwei F-Buchsen, von denen direkte Koax-Leitungen zu den beiden Receivern führen. Eine spätere Aufrüstung auf mehrere Teilnehmer lässt der Twin-LNB nicht zu. Sollen mehr als zwei Receiver bedient werden, ist der Twin-LNB fehl am Platz.

Quad-LNB

Schon seit vielen Jahren erfreuen sich Quad-LNBs großer Beliebtheit. Es gibt sie in zwei Ausführungsvarianten. An ihren vier Ausgängen können bis zu vier Receiver direkt betrieben werden. Der erforderliche Multischalter ist bereits im Konverter integriert. Mit ihnen kann zum Beispiel der Receiver im Wohnzimmer, der Küche, dem Hobbyraum und dem Jugendzimmer versorgt werden. Quad-LNBs gibt es mit und ohne terrestrische Einspeisung. Einfachere Standardmodelle sind an den vier nicht näher beschrifteten F-Buchsen zu erkennen. Verfügt der LNB über eine terrestrische Durchschleifmöglichkeit, besitzt er eine fünfte Buchse. Sie ist in der Regel etwas abgesetzt und trägt die Bezeichnung „Terr. In“ (oder ähnlich). Sie erlaubt, terrestrische Antennensignale für Radio und Fernsehen durch den LNB zu schleifen. Über die vier Ausgänge werden demnach nicht nur Satellitensignale, sondern auch alle terrestrisch empfangenen Programme (analoges Fernsehen, DVB-T, UKW, DAB) angeboten. Sollen in der Verteilanlage alle Signale verbreitet werden, ist der Einsatz von Antennensteckdosen mit drei Buchsen (TV, Radio und Sat) unerlässlich.

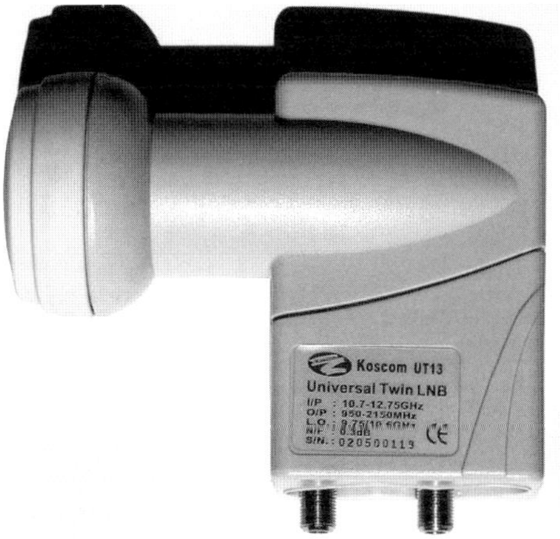

Der Twin-LNB hat zwei unabhängige Empfangseinheiten eingebaut. An seinen beiden Anschlüssen können zwei Receiver direkt angeschlossen werden.

Quad-LNBs gibt es mit und ohne terrestrische Durchschleifmöglichkeit. Die terrestrische Eingangsbuchse ist eindeutig gekennzeichnet und von den anderen Anschlüssen etwas abgesetzt.

Sie trennen erst die einzelnen Signale entsprechend ihrer Verwendung auf und stellen sie an drei Buchsen bereit. Beim Quad-LNB mit terrestrischer Durchschleifmöglichkeit können demnach keine direkten Leitungen zwischen LNB und Satelliten-Receiver verlegt werden. Quad-LNBs mit integrierter terrestrischer Durchschleifung erkennt man auch an den relativ großen Gehäusen.

Quattro-LNB

Ein enger Verwandter des Quad-LNBs ist der Quattro-LNB. Er besitzt ebenfalls vier Ausgänge, kommt aber ohne eingebauten Multischalter aus. Jeder Ausgang ist genau definiert. Je nach Beschriftung werden an den einzelnen F-Buchsen das untere Ku-Band horizontal, das untere Ku-Band vertikal, das obere Ku-Band horizontal und das obere Ku-Band

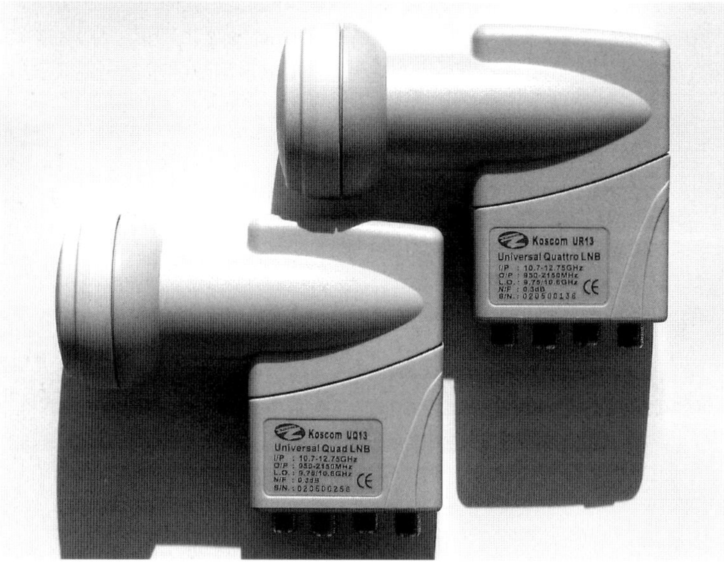

Quad- und Quattro-LNB. Auf den ersten Blick sehen sie sich zum Verwechseln ähnlich.

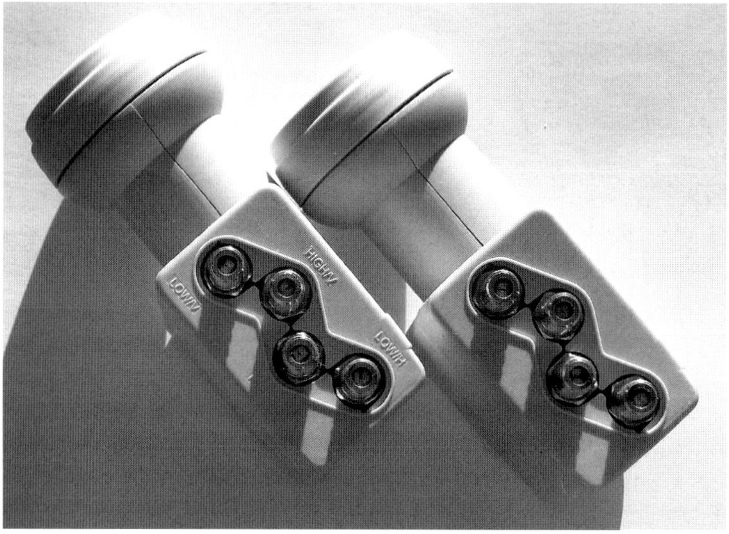

Den Quattro-LNB erkennt man an den genau definierten Ausgängen. Er arbeitet nur in Verbindung mit Multischaltern.

vertikal ausgegeben. Da an jeder Buchse nur je ein Viertel des Ku-Band-Spekrums angeboten wird, eignet sich diese LNB-Type nicht, um Receiver direkt anzuschließen. Die vier Ausgänge sind mit den Eingängen eines externen Multischalters zu verbinden. Dieser muss vier Satelliten-ZF-Eingänge besitzen. Mit dem Quattro-LNB können problemlos größere Verteilanlagen realisiert werden. Verwendet man einen kaskadierbaren (erweiterbaren) Multischalter, lässt sich die Anlage jederzeit auf beliebig viele Teilnehmer erweitern. Da Quattro-LNBs schon etwas länger auf dem Markt sind, findet man sie häufig bei älteren Mehrteilnehmer-Anlagen.

Quattro-LNC

Der Quattro-LNC ist nur äußerst selten bei größeren drehbaren Satellitenanlagen anzutreffen. Er besitzt weder ein integriertes Feedhorn, noch eine Polarisationsumschaltung. Stattdessen hat er einen genormten Flansch-Anschluss mit dem der LNC an ein externes Feedhorn angeschraubt wird. Der Quattro-LNC ist ein Vorläufer des heute allgemein üblichen Universal-LNBs. Er empfängt ebenfalls im Ku-Band von 10,7 bis 12,75 GHz, arbeitet aber auf anderer technischer Grundlage. Da er keine eingebaute Empfangsebenen-Umschaltung besitzt, wird hier mit unterschiedlichen Steuerspannungen zwischen unterem (14 Volt) und oberen Ku-Band (18 Volt) umgeschaltet. Während der Quattro-LNC im unteren Ku-Band, genauso wie der Universal-LNB mit einer ZF von 9,75 GHz arbeitet, kommt bei ihm im oberen Ku-Band eine ZF von 10,75 GHz zur Anwendung.

Wie unschwer zu erkennen, ist der Quattro-LNC kaum mit dem heute üblichen Quattro-LNB zu verwechseln. Er findet nur bei Spezial-Anlagen Anwendung und ist nur auf Bestellung erhältlich.

Beide Empfangseinheiten lassen sich kaum verwechseln. Einerseits ist der Quattro-LNC meist nur auf Bestellung erhältlich, andererseits kostet es ein Vielfaches der heute üblichen Empfangseinheiten. Der Quattro-LNC kommt nur bei größeren Einteilnehmer-Anlagen zur Anwendung. Er hat nur einen F-Anschluss. Wegen des Fehlens des eingebauten Feedhorns sieht es auch ganz anders aus, als heute allgemeinübliche LNBs.

Octo-LNB

Der Octo-Universal-LNB besitzt acht Satelliten-ZF-Ausgänge. Dank des eingebauten Multischalters können an ihm bis zu acht Receiver direkt angeschlossen werden. Er ist an den acht F-Buchsen zu erkennen. Vom Octo-Universal-LNB wird zu jedem Receiver eine direkte Leitung verlegt. Da Octo-LNBs groß und schwer sind, setzen sie eine Mindeststabilität des LNB-Arms der Satellitenantenne voraus. Filigrane Spiegel-Konstruktionen könnten im Laufe der Jahre der Last des LNBs nachgeben und sich nach unten verbiegen. Diese LNB-Type wird für Einfamilien-Anlagen kaum zur Anwendung kommen. Allerdings könnte es in Zukunft steigende Bedeutung gewinnen. Immerhin wird die universelle Verfügbarkeit von Satellitensignalen immer häufiger gefordert. Dabei sollte der immer mehr in Mode kommende Festplatten-Receiver mit Doppeltuner nicht vergessen werden. Möchte man ihn optimal nutzen, beansprucht alleine er zwei LNB-Ausgänge. Neben dem Zweit- und Drittfernseher ist auch die Hi-Fi-Anlage zu berücksichtigen. Wird sie mit einem eigenen Digitalreceiver ausgestattet, hat man alleine auf

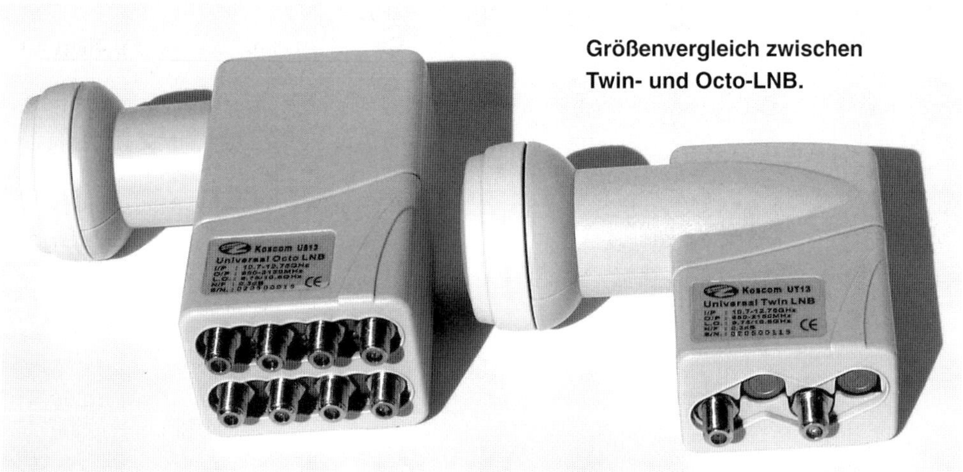

Größenvergleich zwischen Twin- und Octo-LNB.

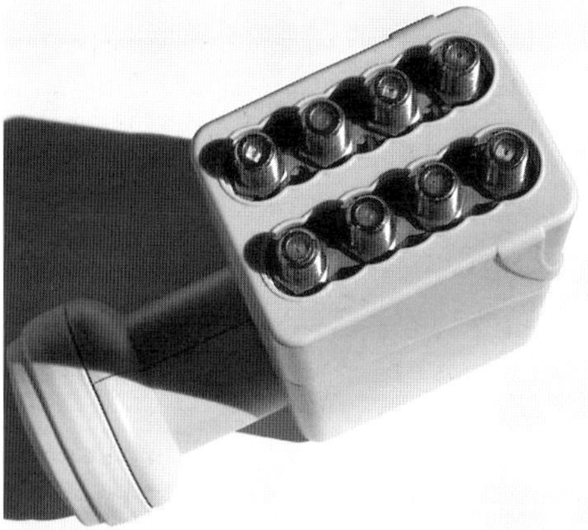

An einen Octo-LNB können acht Receiver direkt angeschlossen werden. Die benötigte Verteiltechnik ist bereits integriert.

Astra Zugang zu über 190 frei empfangbaren Hörfunksendern, die hier in der bestmöglichen Qualität senden. Mit PC- oder USB-Empfängern kann der PC zur Multimedia-Maschine hochgerüstet werden. Mit ihm hat man auch Zugang zum Breitband-Internet via Satellit. Möchte man im Haushalt schon heute mehr als vier Satelliten-Receiver betreiben, lohnt der Griff zum Octo-LNB. Er empfiehlt sich aber auch für den Aufbau kostengünstiger Gemeinschaftsanlagen, wie sie etwa bei kleineren Reihenhäusern anzutreffen sind.

Monoblock-LNB

Eine Doppelfeed-Anlage kann man am einfachsten mit einem Monoblock-LNB aufbauen. Er vereint in einem Gehäuse bereits die Empfangseinheiten für zwei Satellitenpositionen und ist mit zwei Feedhörnern ausgestattet. Die Schaltmatrix, die zwischen Satellit 1 und 2 wählen lässt, ist eingebaut. Der Abstand beider Feeds ist mit 6° fest vorgegeben. Deshalb können mit dieser LNB-Type nicht beliebige Satelliten-Kombinationen angepeilt werden. Sie empfehlen sich zum Beispiel für Astra 19,2° Ost und 13° Ost, 16° Ost und 10° Ost, 13° Ost und 7° Ost und 5° Ost und 1° West.

Monoblock-LNBs werden in mehreren Ausführungsvarianten angeboten. Es gibt sie für einen Teilnehmer genauso, wie als Twin-Lösung für zwei – oder als Quad-LNB für vier Receiver. Je nach Anbieter kann hier die Produktpalette variieren. Ein Feedhorn des Monoblock-LNBs wird an der LNB-Schelle der Satellitenantenne befestigt. Sie ist etwa direkt auf Astra auszurichten. Hot Bird wird schielend empfangen. Strahlt einer der beiden beabsichtigten Satelliten mit geringerer Leistung aus, wird die Antenne auf ihn ausgerichtet. Die zweite Satellitenposition wird schielend empfangen. Bei gleichstarken Satelliten kann die Antenne nicht so ausgerichtet werden, dass sich die Schielverluste zu

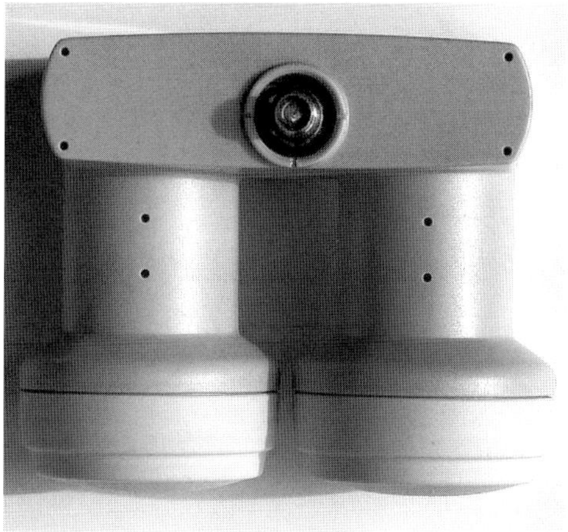

Monoblock-LNB für Einteilnehmer-Anlagen. Der Feed-Durchmesser beträgt bei diesem Modell 40 mm.

Monoblock-LNB mit integriertem Multischalter für vier Teilnehmer.

gleichen Teilen auf beide Positionen aufteilen lassen. Monoblock-LNBs sind für Antennendurchmesser von rund 80 bis 90 cm ausgelegt. Bei kleineren, aber auch größeren Spiegeln, passt der fest vorgegebene Abstand beider Empfangseinheiten nicht mehr. Wird ein Monoblock-LNB etwa an einem 60er-Spiegel montiert, kann mit ihm die zweite Satelliten-Position nicht empfangen werden.

Duo-LNB

Der Duo-LNB wurde von Astra initiiert. Er ist dazu gedacht, um die beiden Astra-Positionen 19,2° Ost und 23,5° Ost gemeinschaftlich mit einer Empfangseinheit zu sehen. Duo-LNBs sind für Spiegel ab etwa 80 cm Durchmesser vorgesehen. Auf der Astra-Hauptposition finden sich gegenwärtig alle, für den deutschen Sprachraum wichtigen Fernseh- und Radioprogramme. Da hier der Platz inzwischen rar wird, versuch Astra gegenwärtig, eine zweite Position für den Direktempfang attraktiv zu machen. Für die Mehrheit interessante Programme gab es hier im Sommer 2006 noch nicht. Zumindest für spezielle Zielgruppen dürften jedoch schon heute das Fremdsprachenpaket von Premiere oder die HD-Fernsehkanäle HD1 und HD5 interessant sein. Auch Satelliten-Internet wurde inzwischen auf 23,5° Ost konzentriert. So wird unter anderem der schnelle Internetzugang von T-DSL über diese Position ausgestrahlt. In Zukunft sollen auf dieser Position auch neue deutschsprachige Sender, Stichwort: Lokalfernsehen, auf dieser Position eine Heimat finden.

Der Duo-LNB ist eng verwandt mit dem Monoblock-LNB, der zwei Satelliten im Abstand von 6° zueinander empfängt. Damit ist er für verschiedene Satelliten-Kombinationen in mehreren europäischen Märkten einsetzbar. Der Duo-LNB ist speziell für den Empfang der beiden Astras konzipiert, die nur im Abstand von 4,3° zueinander positioniert sind. Er lässt sich somit nicht für andere Satelliten-Kombinationen nutzen. Duo- und Monoblock-LNBs arbeiten mit den gleichen Schaltkriterien.

Satelliten-Receiver

Die Modellvielfalt an Satelliten-Receivern ist auf den ersten Blick unüberschaubar. Sie entstand auf Grund unterschiedlicher Anwendungsgebiete. Für welche Type man sich entscheidet, hat direkten Einfluss darauf, welche und wie viele Programme man empfangen kann. Aber auch der Bedienungskomfort und die Ausstattungsmerkmale spielen eine große Rolle. Alle Satelliten-Empfänger lassen sich zuerst in zwei Gruppen unterteilen: in analoge und digitale Boxen.

Analog-Receiver

Der analoge Satellitenempfang kam in Deutschland 1989, zu einer Zeit, als es noch gar kein digitales Fernsehen gab, so richtig in Schwung. Erste Digital-Receiver kamen erst ab 1996 auf den deutschen Markt. Da sie im Vergleich zu Analog-Boxen extrem teuer waren, ließ das Interesse der Bevölkerung am Digitalfernsehen noch auf sich warten. Vor allem bei älteren Satelliten-Anlagen sind nach wie vor analoge Receiver anzutreffen. Vereinzelt werden sie sogar noch heute angeboten. Sie werden mit dem Argument beworben, man könne mit ihnen defekte ältere analoge Receiver ersetzen. Außerdem erspare man sich dadurch die Kosten für die digitale Aufrüstung alter Satellitenanlagen. Obwohl aktuelle analoge Satellitenempfänger äußerst preiswert sind, lohnt ihr Kauf aus heutiger Sicht nicht mehr. Gegenwärtig sind auf Astra noch etwas mehr als 40 analoge Fernsehkanäle vertreten. Laut Auskunft des Satellitenbetreibers laufen die ersten Verträge für die analoge Übertragung von Fernsehprogrammen bereits 2008 aus. Mit anderen Worten: in weniger als zwei Jahren wird das analoge Angebot spürbar schrumpfen.

So gut wie alle seit 1998 installierten Satelliten-Antennen sind in der Lage, auch digitale Signale zu empfangen. Etwa seit der Zeit, kommen bei Satellitenanlagen nur noch so genannte Universal-LNBs zum Einsatz. Sie sind Voraussetzung, um auch digitale Programme empfan-

Analog-Receiver werden nur noch wenige angeboten. Das Modell von Lorenzen zählt zu den letzten seiner Zunft.

gen zu können. Alle, seit Ende der 90er-Jahre installierten Spiegel sind damit ausgestattet. In vielen Fällen reicht es, an sie einfach einen modernen Digital-Receiver anzuschließen.

Merkmale analoger Satelliten-Receiver

Analoge Receiver erfüllen nur geringste Anforderungen. Neben ihrer nicht mehr vorhandenen Zukunftssicherheit kann man mit ihnen im Vergleich zum Digital-Empfang nur sehr wenige Programme sehen. Alleine auf Astra stehen heute rund viermal so viele digitale, wie analoge Sender bereit. Analog-Receiver sind grundsätzlich manuell zu programmieren. Das setzt das Wissen voraus, mit welchen Übertragungsparametern die Sender ausstrahlen. Vollautomatischen Sendersuchlauf, oder ein bequemes Senderlisten-Update über Satellit bieten sie nicht. Zum Teil kommen die Geräte noch heute gänzlich ohne Bildschirm-Menü aus. Einzustellende Parameter sind nur am Geräte-Display ersichtlich. Bei vielen Modellen sind auch enge Grenzen, etwa beim Einrichten von Favoriten-Listen, gesetzt. Im täglichen Betrieb bieten sie nur wenig Komfort. Zappt man zwischen den Programmen, wird bestenfalls der Sendername eingeblendet. Allerdings auch nur dann, wenn man ihn zuvor in mühevoller Kleinarbeit manuell eingegeben hat. Hinweise auf die gerade laufende oder folgende Sendung oder einen komfortablen elektronischen Programmführer, gibt es nicht. Diese Features bietet nur der Digital-Empfang. Auch bei Bild- und Tonqualität spielen analoge Boxen nur in der zweiten Liga. Bei nicht optimal ausgerichteter Antenne zeigen sie häufig kleine weiße oder schwarze Fischchen (so genanntes Rauschen) im Bild. Sie treten vor allem in großen einheitlichen Farbflächen auf. Selbst bei einwandfreiem Empfang ist es zu sehen. Es macht sich insofern bemerkbar, als etwa gleichfärbige Flächen bei genauer Betrachtung eine gewisse Unruhe in sich zeigen. Dieser Effekt ist typisch für analoges Fernsehen. Je größer und hochwertiger der verwendete Fernseher ist, umso mehr fallen diese Mängel auf. Beim analogen Satelliten-Fernsehen klingen die Programme bestenfalls in Stereo. Dolby Digital mit 5.1-Raumklang können sie nicht bieten. Auch hier punktet der digitale Satelliten-Empfang.

Das Gerät kommt gänzlich ohne Bildschirm-Menü aus. Alle Parameter sind nur im Display ersichtlich. Da ist die Bedienungsanleitung dringend gefordert.

Analoger Satelliten-Empfang spielt weltweit betrachtet, nur noch im deutschen Sprachraum eine große Rolle. Aber auch hier sinkt seine Bedeutung von Jahr zu Jahr. Auf anderen Satelliten grenzt es an einen Zufall, wenn man überhaupt noch analoge Programme findet.

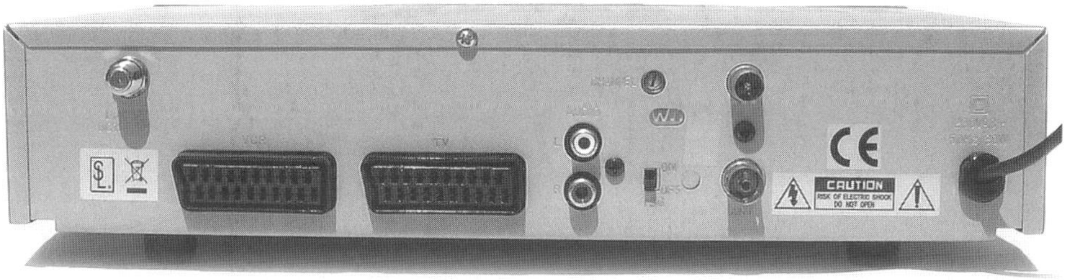

Analog-Boxen haben keinen Satelliten-ZF-Ausgang, an dem ein weiterer Receiver angeschlossen werden könnte. Auch der Digital-Audio-Ausgang fehlt.

Digital-Receiver

Digital-Receiver sind heutiger Stand der Technik. Nur sie bieten Zukunftssicherheit beim Satelliten-Empfang. Sie warten mit zahlreichen Vorteilen auf, die den analogen Satellitenempfang im wahrsten Sinne des Wortes alt aussehen lassen.

An erster Stelle steht die größere Programmvielfalt. Zur besten analogen Zeit konnte man über Astra und die paneuropäische Hot-Bird-Satelliten-Position annähernd 80 deutsche und internationale Kanäle sehen. Inzwischen hat sich die Zahl etwa halbiert. Ganz anders beim Digital-Empfang. Hier sorgen fortwährende Neuaufschaltungen für eine stetig anwachsende Programmvielfalt. Wer hätte sich noch vor wenigen Jahren gedacht, alleine mit einer einfachen Zwei-Satelliten-Antenne über 600 frei empfangbare Fernsehprogramme zu sehen? Bald werden es noch mehr sein!

Die Bedienung eines Digital-Receivers ist zwar weitaus umfangreicher, aber wegen der durchweg logischen und selbsterklärenden Menüoberflächen einfacher, als bei analogen Boxen. Das macht sich schon bei der Erstinstallation bemerkbar. Nachdem sie gestartet wurde, führt das Gerät Schritt für Schritt zu allen erforderlichen Einstellungen und erklärt sie mit begleitenden Texten. Da Digital-Receiver bereits alle wichtigen Transponder-Daten fest eingespeichert haben, genügt das Ausführen eines automatischen Sendersuchlaufs. Er liest in etwa 10 bis 15 Minuten alle Astra-Programme mit richtigem Stationsnamen ein. Fernseh- und Hörfunksender sind in eigenen Listen abgelegt.

Im täglichen Betrieb erfreuen sich die Funktionen des elektronischen Programmführers (EPG) großer Beliebtheit. Bei jedem Programmwechsel blendet er für einige Sekunden eine Infobox ins Bild ein. Sie informiert unter anderem über den Namen der eingestellten Station, den Programmplatz, wo sie abgespeichert ist, den Titel der laufenden und häufig auch der folgenden Sendung zumindest mit Beginnzeit. Symbole können weiter darauf aufmerksam machen, ob eine Sendung mit Dolby-Digital-Ton ausgestrahlt wird, ob Teletext angeboten wird, und vieles mehr. Die Fernbedienungen der Digital-Boxen haben eine Info-Taste eingebaut. Mit ihr lassen sich unter anderem Detail-Infos zur gerade laufenden Sendung nachlesen. Das können zum Beispiel Inhaltsangaben zu Spielfilmen sein. Der EPG liefert zudem eine Programmvorschau für bis zu sieben Tage im Voraus. Er macht nicht nur die Fernsehzeitschrift überflüssig. Über ihn lassen sich auch Timer schnell und komfortabel programmieren. Timer erlauben das Aufzeichnen von Sendungen während der eigenen Abwesenheit.

Der Digital-Empfang beschert grundsätzlich eine bessere Bildqualität. Wie gut sie tatsächlich ist, hängt allerdings von den einzelnen Sendern ab. Je großzügiger sie ihre Übertragungskapazität bemessen, umso schönere Bilder erfreuen uns. Vor allem öffentlich-rechtliche Kanäle bieten schon heute DVD-Qualität über Satellit. Beim analogen Fernsehen werden 16:9-Sendungen mit schwarzen Balken oben und unten ausgestrahlt. Beim digitalen Satellitenfernsehen wird darauf häufig verzichtet. Damit sind die Bilder auch weitaus schärfer, als bislang gewohnt. Digitales Satellitenfernsehen garantiert auch zuverlässigeren Empfang. Sobald ein Mindestsignalpegel empfangen wird, ist das Bild stets einwandfrei. Beeinträchtigungen, wie weiße oder schwarze Fischchen im Bild, gibt es nicht. Selbst bei nicht ganz optimal ausgerichteter Antenne sind kaum Einbußen zu erwarten.

Über Digital-Satellit wird auch Dolby-Digital-Ton geboten. Die Receiver sind bis auf wenige Ausnahmen mit einer koaxialen oder optischen Digital-Audio-Buchse ausgestattet. Sie schafft die Verbindung zur Dolby-Surround-Anlage. Die wichtigsten deutschsprachigen Fernsehsender strahlen Filme auch mit Raumklang aus und sorgen so für Kino-Feeling in den eigenen vier Wänden. Digital senden sogar schon erste Rundfunkstationen ausgesuchte Sendungen in Dolby 5.1 aus und lassen damit Radio in noch nicht bekannter Dimension erleben. Über Satellit werden Fernseh- und Radioprogramme in bester Qualität geboten. Hier kann digitales Kabel oder DVB-T nicht mithalten.

Es gibt verschiedene Receiver-Typen, die speziell für bestimmte Anwendungsgebiete entwickelt wurden. Sie werden in Folge vorgestellt:

Free-to-Air-Boxen

Die einfachsten Digital-Empfänger sind so genannte Free-to-Air-Boxen (FTA-Boxen). Man findet sie im untersten Preissegment. Vereinzelt werden sie schon um etwa 50,- € angeboten. Mit ihnen bekommt man nur frei empfangbare Programme. Sie bieten keinen Zugang zu verschlüsselten Inhalten. Während das in Vergangenheit kaum von Nachteil war, entdecken seit 2005 vermehrt kostengünstige Pay-TV-Angebote den deutschen Markt. Zu ihnen zählen etwa Easy TV, MTV oder das TechniSat-Radio-Paket. Ferner gibt es seit Sommer 2006 Arena TV, das die deutsche Bundesliga gegen Gebühr zeigt. Mit einer FTA-Box können diese und weitere Angebote nicht bestellt werden.

FTA-Boxen sind leicht zu erkennen. Sie haben weder einen Schlitz, in den man eine Decodierkarte stecken könnte, noch einen Schacht für die Aufnahme von Decodiermodulen. Ansonsten unterscheiden sich die Geräte nicht von anderen Digital-Receivern. Den grundsätzlich hohen Bedienungskomfort, wie EPG oder selbsterklärende Menüführung, findet man auch bei diesen Boxen. Wegen der Pläne deutscher Privatsender, ihre Programme schon in absehbarer Zeit verschlüsseln zu wollen, sind FTA-Geräte nicht mehr akzeptabel. Sobald diese Pläne in die Tat ungesetzt wurden, kann man mit ihnen vielleicht nur noch die Programme von ARD und ZDF sehen. In Österreich und der Schweiz sind Free-to-Air-Receiver schon seit Jahren fehl am Platz. Die Inlandssender dieser Länder werden über Satellit nur verschlüsselt ausgestrahlt. Mit einer FTA-Box kann man demnach keine ORF- oder SRG-Fernsehprogramme empfangen.

Von FTA-Receivern ist deshalb dringend abzuraten! Sie sind mitunter schon in wenigen Monaten wertlos. Wegen der Verschlüsselungspläne deutscher Sender sind sie alles andere als zukunftssicher.

CI-Receiver

CI-Receiver unterscheiden sich von FTA-Geräten in erster Linie durch einen Schacht, der in der Regel zwei Decodiermodule aufnimmt. Man spricht dabei auch von CI-Schnittstellen. Sie sind Voraussetzung, um den Receiver bei Bedarf jederzeit für den Empfang verschlüsselter Kanäle aufzurüsten. Da man bei CI-Receivern an kein bestimmtes Verschlüsselungssystem gebunden ist, bieten sie auch die höchste Zukunftssicherheit. CI-Schnittstellen sind die Gewähr, den Receiver auch noch in vielen Jahren nutzen zu

Die meisten CI-Receiver nehmen zwei Decodiermodule auf. Die CI-Schächte sind hinter einer unauffälligen Klappe (hier geöffnet) verborgen.

können. Auf den ersten Blick unterscheiden sich CI-Receiver nicht von FTA-Modellen. Die Modulschächte sind in der Regel hinter einer Klappe verborgen. Sie ist meist links oder rechts des Displays angeordnet.

Bei CI-Boxen ist unter zwei Modellvarianten zu unterscheiden: In solche mit und ohne Premiere-Zertifizierung. Mit CI-Geräten kann man, das geeignete Modul und eine gültige Smartcard vorausgesetzt, grundsätzlich alle codierten Sender empfangen. Bei den meisten, im deutschsprachigen Raum verfügbaren Pay-TV-Angeboten gibt es auch keine Einschränkungen. Eine Ausnahme stellt Premiere dar. Um Premiere abonnieren zu „dürfen" sind spezielle Receiver erforderlich. Sie tragen ein „Geeignet für Premiere"- oder „Geeignet für Premiere HD"-Logo. Alle anderen verschlüsselten Angebote, wie etwa von Easy TV oder diverse international vermarktete Erwachsenen-Kanäle sind auch mit CI-Boxen ohne Premiere-Zertifizierung zugänglich.

Receiver mit eingebautem Decodiersystem

Receiver mit eingebautem Decodiersystem werden meist von Pay-TV-Veranstaltern angeboten. Sie besitzen nur einen kleinen Schlitz, in den etwa die Premiere-Karte zu schieben ist. Man bekommt solche Geräte häufig, wenn man ein Premiere-Abonnement abschließt, bei dem vom Pay-TV-Veranstalter auch gleich ein Receiver für z. B. 1,- € zur Verfügung gestellt wird. Bei solchen Angeboten ist sichergestellt, dass der Zuschauer mit dem Gerät neben freien Kanälen auch den Zugang zu den Premiere-Pay-Fernsehsendern hat.

Digital-Boxen mit bereits integriertem Decoder gibt es auch für andere Verschlüsselungssysteme. In Österreich sind zum Beispiel Digital-Receiver mit integriertem CryptoWorks-System häufig anzutreffen. Mit ihnen kann man die ORF-Programme über Satellit sehen. Seit Easy TV auch in Deutschland vermarktet wird, gibt es CryptoWorks-Boxen auch in Deutschland. Das TechniSat-Pay-Radio-Paket wird in Conax verschlüsselt. Auch dafür gibt es Receiver. Es werden sogar Digital-Boxen angeboten, die bereits CryptoWorks und Conax eingebaut haben. Für den schweizerischen Markt sind Receiver mit eingebautem Viaccess-Decodiersystem gefragt. Mit ihnen kann man die über Satellit ausgestrahlten schweizerischen SRG-Fernsehkanäle empfangen. Ferner gibt es Receiver, die Decodiersysteme für den Empfang von Erwachsenen-Programmen eingebaut haben.

Digital-Boxen mit fest eingebautem Decodiersystem sind mit Vorsicht zu genießen. Man kauft sie, um bestimmte Sender damit empfangen zu können. Für andere Verschlüsselungsnormen sind sie nicht geeignet. Die uneingeschränkte Zukunftssicherheit der CI-Receiver bieten sie nicht. Hat das Gerät das „falsche" Decodiersystem eingebaut, kann man mit ihm in Zukunft vielleicht auch keine deutschen Privatsender mehr sehen. Receiver mit eingebautem Decodiersystem haben eine enge Verwandtschaft zu FTA-Geräten. Sie sind in erster Linie für den Empfang eines bestimmten verschlüsselten Senders (oder mehrerer Programme eines Anbieters) und freier Kanäle gedacht. Mit ihnen ist es auch nicht möglich, komfortabel zwei verschiedene verschlüsselte Angebote zu nutzen. Mit solchen Boxen

Sind ein oder mehrere Decodiersysteme bereits eingebaut, ist nur die geeignete Karte in den Schlitz zu stecken.

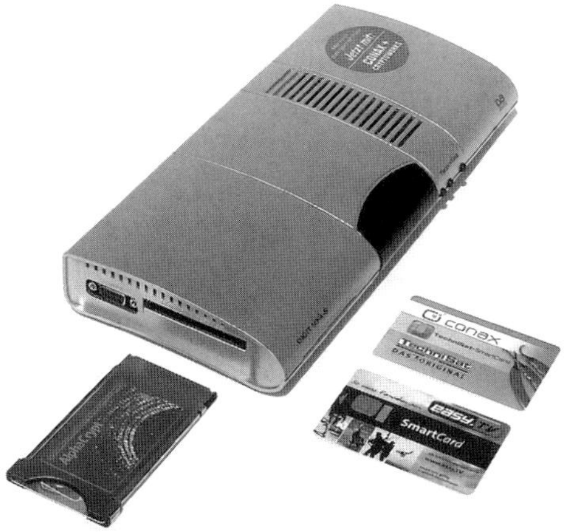

Dieses Gerät verfügt über einen integrierten Conax- und CryptWorks-Decoder. Ferner besitzt es einen CI-Schacht für die Aufnahme eines Decodiermoduls.

ist auch sichergestellt, dass der Kunde eines Pay-TV-Angebots keine fremden Pay-Fernsehsender konsumieren kann. So ist es etwa Premiere-Kunden, die einen Digital-Receiver mit bereits eingebautem Nagravisions-System besitzen, nicht möglich, zusätzlich Easy TV oder andere Pay-Sender zu nutzen. Verschiedene Receiver haben bereits zwei Decodiersysteme eingebaut. Da beide Decoder üblicherweise nur über einen gemeinsamen Schlitz verfügen, kann man in diesen Geräten immer nur eine Karte betreiben. Hat man zum Beispiel Arena TV und TechniSat Radio abonniert, ist je nach Bedarf die Karte zu wechseln.

Receiver mit eingebautem Decodiersystem und CI-Schacht

Auch sie sind weit vertreten. Viele Geeignet-für-Premiere-Boxen verfügen neben dem Schlitz für die Premiere-Karte auch über einen Schacht für Decodiermodule. Sie sind teuerer als Geräte, die nur über ein fest eingebautes Decodiersystem verfügen, bieten aber universellere Einsatzmöglichkeiten. Für den Empfang eines Pay-Fernsehsenders steht das eingebaute Decodiersystem bereit. Die dafür erforderliche Smartcard braucht nur in den dafür vorgesehenen Schlitz gesteckt zu werden. Zwei CI-Schächte erlauben den Zugang zu bis zu zwei weiteren Gebühren-Angeboten. Damit kann man, jeweils ein geeignetes Modul mit gültiger Smartcard vorausgesetzt, zum Beispiel auch Arena TV und Easy TV sehen. Solche äußerst universell einsetzbaren Geräte gibt es auch mit anderen eingebauten Decodiersystemen. Haben sie neben den CI-Schächten ein CryptoWorks- oder etwa Viaccess-System eingebaut, kann man mit ihnen kein Premiere sehen.

Geeignet-für-Premiere-Receiver

Zugang zum deutschen Premium-Pay-TV erhält man nur mit speziell dafür geeigneten Boxen. Man erkennt sie am Geeignet-für-Premiere-Logo an der Gerätefront. Es gibt sie im freien Handel zum vollen Preis oder man kann sie vergünstigt gemeinsam mit einem Premiere-Abo kaufen. Regelmäßig bietet Premiere Aktionen an, bei denen man den Receiver gratis bei Abschluss eines Abos bekommt. Es gibt auch immer wieder Prepayd-Angebote, bei denen man etwa den Zugang zu drei Monaten Premiere Komplett im Voraus bezahlt und obendrein ebenfalls gratis einen

Premiere-Receiver erhält. Selbst wenn man kein Premiere-Freund ist, bieten sich Prepayd-Pakete an, um äußerst günstig zu einem neuen Receiver zu kommen. Geeignet-für-Premiere-Boxen kann man in weiterer Folge auch für den Empfang künftig verschlüsselter, heute noch frei empfangbarer deutscher Privat-Sender nutzen.

Warum Premiere-Receiver erforderlich?

Premiere hat bei der Verbreitung seiner Inhalte eine Reihe von Auflagen zu erfüllen. Sie sind größtenteils gesetzlicher Natur und beinhalten einen ausgeklügelten Jugendschutz. Nicht für Kinder und Jugendliche geeignete Sendungen werden mit einem Jugendschutz-Code vor unberechtigtem Zugriff geschützt. Werden auf einem Kanal jugendgesperrte Inhalte übertragen, fordert der Receiver beim erstmaligen Schalten auf den Sender nach der Eingabe eines vierstelligen Jugendschutz-PINs auf. Erst danach wird der Blick auf die Sendung freigegeben. Dieser Jugendschutz-PIN kann sich auch äußerst negativ auswirken, wenn man einzelne Sendungen mit dem Timer aufzeichnen möchte. Der Timer schaltet während der eigenen Abwesenheit den Receiver auf das Programm ein, das aufgezeichnet werden soll. Handelt es sich dabei um eine Sendung, die die Eingabe des Jugendschutz-PINs erfordert, wird auf die Videokassette nur die Jugendschutz-PIN-Menüoberfläche aufgezeichnet. Da niemand da ist, der den Code eingeben könnte, ist das timergesteuerte Aufzeichnen etwa von knallharten Action-Filmen nicht möglich. Bei Geeignet-für-Premiere-Receivern kann der Jugendschutz-PIN nicht deaktiviert werden.

Einschränkungen gibt es auch beim Mitschneiden von Pay-per-View-Sendungen. Premiere strahlt über das Premiere-Direkt-Portal brandaktuelle Spielfilme aus, die im normalen Pay-TV noch nicht zu sehen sind. Möchte man einen auf Premiere Direkt ausgestrahlten Film sehen, ist dafür extra zu bezahlen. Der Film wird, etwa nach einem Anruf beim Sender, zu der vom Zuschauer gewünschten Zeit freigeschaltet. Zu dieser Zeit muss man sich den Film auch ansehen. Aufzeichnen kann man ihn nicht. Das verbieten die Hollywood-Studios, die von Premiere verlangen, dass alle Premiere-Direkt-Filme mit Macrovision-Kopierschutz gesendet werden. Somit bestimmen Premiere-Receiver, welche Inhalte aufgezeichnet werden dürfen.

Geeignet-für-Premiere-Boxen bieten dem Zuschauer aber auch Vorteile. Zu ihnen zählen etwa die frei wählbaren Kameraperspektiven bei Formel-1-Übertragungen. Dabei lässt der Sender dem Zuschauer die Wahl, was er gerade sehen möchte. Er kann das Rennen neben dem Basis-Kanal, wo von überall etwas zu sehen ist, auch die ganze Zeit über die Cockpit-Kamera eines Rennwagens oder über die Boxenkamera, sowie weitere Einstellungen nutzen. Der Zuseher übernimmt dabei selbst die Regie, wann er welche Kamera-Einstellungen nutzen will.

Premiere-Receiver sind für den Abschluss eines Premiere-Abos erforderlich. Kann man bei der Anmeldung nicht eine dem Sender bekannte Seriennummer eines zugelassenen Modells nennen, wird der Antrag nicht akzeptiert. Mit einem nicht Premiere-zertifizierten Digital-Receiver ist demnach der Empfang von Premiere nicht möglich.

Geeignet-für-Premiere-Receiver: Große Modellvielfalt

Geeignet-für-Premiere-Geräte gibt es in allen Ausstattungsvarianten. Die Palette reicht vom einfachen Receiver, der nur einen Nagravision-Decoder eingebaut hat, über CI-Modelle, die auch den Empfang anderer verschlüsselter Sender zulassen, bis hin zu Geräten mit eingebauter Festplatte. Für den Empfang der Premiere-HD-Fernsehsender gibt es ebenfalls eigene Receiver. Sie tragen das Logo: Geeignet für Premiere HD. Mit ihnen kann man auch alle anderen freien HDTV-Programme empfangen.

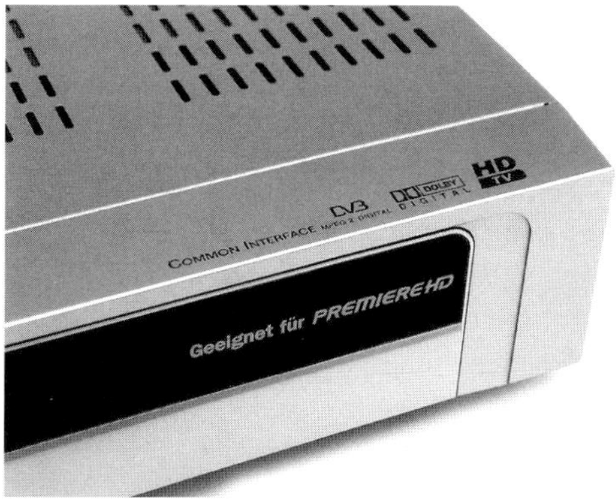

Geeignet-für-Premiere-Box, mit der auch die Premiere-HD-Kanäle zugänglich sind. Ein Premiere-Abo kann nur mit Receivern abgeschlossen werden, die das Premiere-Zertifikat tragen.

HDTV-Receiver

Seit 2006 gewinnt auch hochauflösendes Fernsehen an Bedeutung. Die meisten, der heute verkauften LCD- oder Plasma-Fernseher können Fernsehbilder in weitaus höherer Schärfe zeigen, als unsere alten Bildröhren-Geräte. Fernsehbilder sind auf einem neuen Fernsehgerät aber nicht automatisch extrascharf. Sie zeigen die gewohnten Programme in der schon bekannten Qualität. Die Schärfe eines Fernsehbildes hängt von der in einem Land/Kontinent verwendeten Fernseh-Übertragungsnorm ab. Unser gewohntes Fernsehbild setzt sich aus rund 414.000 Bildpunkten zusammen. Hochauflösende Fernseher sind aber in der Lage, bis etwa zwei Millionen Bildpunkte zu zeigen. Man kann sie nur nutzen, wenn Fernsehsender in einer neuen Norm, die diese Schärfe auch bereitstellen kann, übertragen. Man spricht dann von HDTV (High Definition Television). Noch senden nur wenige Programme in HDTV. Aber ihre Zahl wächst. Im Sommer 2006 stehen etwa in Deutschland und Österreich neben den drei gebührenpflichtigen Premiere-HD-Sendern, Anixe TV, SAT1 HD und ProSieben HD zur Verfügung. Alle drei Kanäle sind frei empfangbar. Auf den hochauflösenden Kanälen von SAT1 und ProSieben gibt es das gleiche, wie auf den, nur in Standard-Qualität ausgestrahlten Kanälen, zu sehen. Die meisten Sendungen sind hochskaliert. Das heißt, sie werden zwar nicht in HDTV-Qualität übertragen, erscheinen aber dennoch schärfer. Einige Spielfilme und Serien werden hingegen schon in echtem HDTV gezeigt. Seit Mai 2006 gibt es auch den nur in HDTV verfügbaren deutschen Sender Anixe TV. Der frei empfangbare Kanal zeigt ausschließlich hochauflösende Sendungen für ein breit gefächertes Publikum. Zuletzt gibt es noch den Paneuropäischen HD-Fernsehsender HD1. Er wird verschlüsselt ausgestrahlt. Um ihn sehen zu können, ist für eine einmalige Gebühr von 200,- € eine Smartcard zu erwerben. Zusätzliche Kosten fallen nicht an.

HDTV-Programme können nicht mit „gewöhnlichen“ Digital-Receivern empfangen werden. HDTV-Programme sind wesentlich datenintensiver und können von ihnen nicht verarbeitet werden.

Erste HDTV-Receiver

Erste Satelliten-Receiver für HDTV kamen etwa ab Mitte 2003 auf den Markt. Die Geräte konnten ausschließlich in MPEG-2 ausgestrahlte Signale verarbeiten. Damit nutzten sie die gleiche technische Grundlage, wie sie auch beim „normalen“ digitalen Satellitenfernsehen nach wie vor zur Anwendung kommt. Inzwischen wurde für HDTV der Standard MPEG-4 eingeführt. Er gestattet eine effizientere Übertragung, als das schon betagte MPEG-2. Erste HDTV-Receiver von Zinwell, QualiTV oder Smart wurden während der letzten Jahre nur selten angeboten. Meist fanden sie ihr Einsatzgebiet im Fachhandel, wo sie für die Vorführung hochauflösender Bilder auf großen LCD- und Plasma-Flachbildschirmen sorgten. Moderne MPEG-4-Signale, so wie sie heute von allen, für den deutschen Sprachraum relevanten HD-Fernsehsendern genutzt werden, können sie noch nicht empfangen!

Erste HDTV-Receiver waren nur für den Empfang freier Programme geeignet. Als der erste paneuropäische HD-Fernsehsender Euro1080 (heute HD1) damit begann, sein Signal zu verschlüsseln, wurden diese Geräte weitgehend wertlos. Die zweite Generation der HDTV-Boxen wurde um einen Irdeto-Kartenleser erweitert, der für den weiteren Empfang von Euro1080 erforderlich war. Erst neuere Geräte kamen mit zusätzlicher CI-Schnittstelle auf den Markt, wodurch der Zugang zu anderen verschlüsselten Sendern möglich wurde.

Bescheidener Komfort

Erste HDTV-Receiver boten nur bescheidenen Komfort. Ihr Bedienungsumfang war am ehesten mit betagten, einfachen Einsteiger-Geräten vergleichbar. Zudem musste man bei ihnen zum Teil sehr lange Umschalt- und Reaktionszeiten in Kauf nehmen. Beim Kanalwechsel waren Wartezeiten von über drei Sekunden die Regel. Auch die Navigation durch die Menüoberfläche gestaltete sich entsprechend langwierig. Obwohl die Geräte auch alle herkömmlichen Digitalprogramme empfangen konnten, lud ihre komplizierte Bedienung nicht wirklich dazu ein.

Nicht zukunftssicher

Neben allen, in Standard-Auflösung sendenden Kanälen können ältere HDTV-Receiver, wie von QualiTV oder Smart, nur hochauflösende Sender, die in MPEG-2 ausstrahlen, empfangen. Das sind nur einige frei empfangbare Promo-Kanäle, die aber nach und nach auf die neue MPEG-4-Norm umgestellt werden. Das einzige, in MPEG-2 regulär ausgestrahlte Programm ist HD1. Da auch HD1 beabsichtigt, auf die effizientere Übertragungsnorm DVB-S2/MPEG-4 zu wechseln, sind die Tage gezählt, in denen man den Sender mit MPEG-2-HDTV-Boxen empfangen kann. Das gleiche Schicksal werden auch die Promo-Kanäle erleiden. Spätestens dann, wenn ausreichend moderne HDTV-Receiver am Markt vorhanden sind, werden auch sie auf MPEG-4 wechseln oder überhaupt eingestellt werden. Mit der Aufschaltung neuer HD-Fernsehsender in MPEG-2 ist nicht zu rechnen. Für

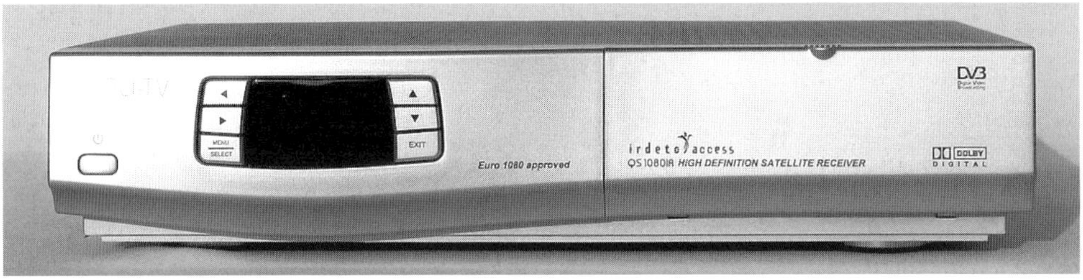

Der QualiTV zählt zu den am weitest verbreiteten MPEG2-HDTV-Receivern.

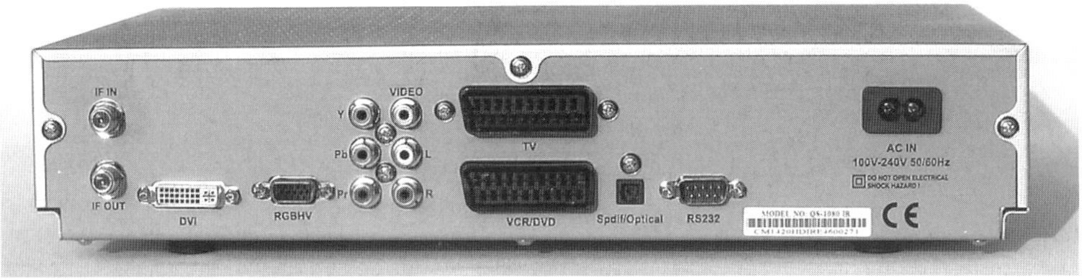

Er hat mehrere analoge Video-Ausgänge. Zudem verfügt er auch über eine DVI-Buchse. Zukunftssicher ist das Gerät dennoch nicht.

HDTV-Übertragungen ist MPEG-2 einfach zu teuer. Außerdem senden seit Ende 2005 schon mehrere deutsche Sender in HDTV-MPEG-4. Von allen heute interessanten HD-Fernsehkanälen bleibt man mit HDTV-Receivern der ersten Stunde ausgesperrt. Da sie nur MPEG-2 verarbeiten können, sind sie für modernes HDTV nicht geeignet. Sie lassen sich nicht auf die neue Norm hochrüsten.

Häufig im Internet angeboten

Alte HDTV-Receiver, wie Geräte von Zinwell, QualiTV oder der Smart MX95 werden regelmäßig in Internet-Versteigerungsbörsen angeboten. Sie wechseln um etwa 200,- € den Besitzer und erscheinen dadurch wesentlich preiswerter, als aktuelle, im Fachhandel angebotene HDTV-Boxen. Was die Käufer in der Regel nicht wissen: Mit ihnen bleibt man von Premiere HD, ProSieben HD, SAT1 HD und allen künftigen hochauflösenden Sendern ausgesperrt. Die Geräte sind bestenfalls noch für den Empfang der vielen freien Programme in Standard-Auflösung zu gebrauchen. Das kann man aber auch komfortabler und preiswerter haben.

Moderne HDTV-Receiver

Sie sind universell einsetzbar. Neben der, auch beim Digitalfernsehen in Standard-Qualität, genutzten Übertragungsnorm DVB-S und dem Komprimierungsstandard MPEG-2 beherrschen sie auch die effizienteren Normen DVB-S2 und MPEG-4. Damit kann man mit ihnen nicht nur die HD-Fernsehkanäle empfangen, die auch schon mit alten HDTV-Boxen zu sehen waren. Man hat mit ihnen auch ungehinderten Zugang zu allen, für den deutschen Sprachraum interessanten hochauflösenden Programmen. Sie alle senden in MPEG-4, also der Norm, mit der gerade in Europa auf breiter Front HDTV eingeführt wird.

Erste moderne HDTV-Receiver sind seit Januar 2006 verfügbar. Sie werden von mehreren Herstellern, wie etwa Humax, Pace, Kathrein und Philips angeboten. Die Modellvielfalt an modernen HDTV-Geräten wird laufend erweitert.

Alle neuen HDTV-Receiver empfangen Standard-TV und HDTV in MPEG-2 und -4. Sie sind mit einer digitalen HDMI-Schnittstelle, die auch den HDCP-Kopierschutz unterstützt, ausgestattet. Damit sind sie fit für das Fernsehen der Zukunft. Diese Geräte geben die Sicherheit, sie uneingeschränkt an HD-ready-Fernsehern betreiben zu können. Die Boxen bieten auch ausreichend Anschlussmöglichkeiten für Fernseh- und Video-Geräte. Über den analogen Komponenten-Ausgang und die HDMI-Buchse können bis zu zwei HDTV-Fernseher mit hochauflösenden Bildern versorgt werden. Allerdings kann nur die digitale HDMI-Buchse, die das HDCP-Kopierschutz-Protokoll unterstützt, tatsächlich alle HDTV-Programme an den HDTV-Fernseher weiterleiten. Die Verbindung mit der Dolby-Digital-Anlage wird über einen digitalen Audio-Ausgang bewerkstelligt.

Die meisten, der derzeit in Deutschland empfangbaren HD-Fernsehkanäle sind verschlüsselt. Sie werden als Pay-TV vermarktet. Aktuelle HDTV-Boxen, wie etwa jene von Humax, Pace, Strong und Philips tragen das Geeignet-für-Premiere HD-Zertifikat. Sie sind Voraussetzung, um Premiere HD abonnieren zu dürfen. Seit Frühling 2006 ist ein erster HDTV-Receiver ohne Premierezertifizierung auf dem Markt.

Alle Premiere HD-Boxen haben einen Nagravision-Kartenleser eingebaut, in dessen Schlitz die Premiere-Karte zu stecken ist. Zusätzlich besitzen die Geräte einen Common-Interface-Schacht für die Aufnahme von mindestens einem externen Decodiermodul. Eine CI-Schnittstelle ist Voraussetzung, um mit den Receivern auch HD1 empfangen zu können. HD1 ist in Irdeto verschlüsselt. Um den Sender empfangen zu können, ist neben einer Euro1080-Smartcard auch ein Irdeto-Modul erforderlich.

Ein aktueller HDTV-Receiver ist der Humax PR-HD1000. Er trägt das „Geeignet für Premiere HD"-Logo.

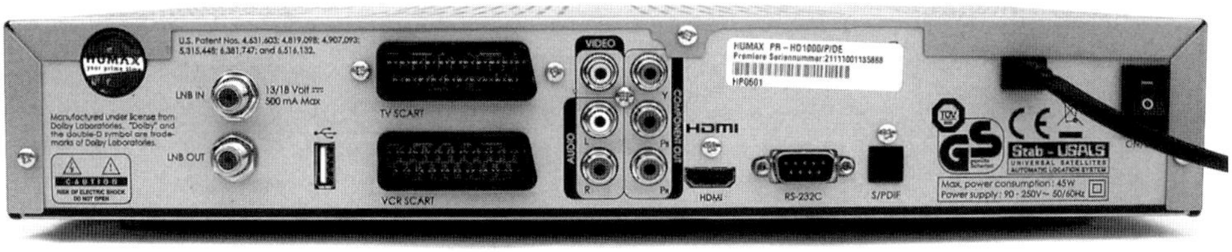

Moderne, zukunftssichere HDTV-Receiver verfügen über alle bei uns gängigen Buchsenstandards. Zusätzlich sind für HDTV ein analoger Komponenten-Ausgang und eine digitale HDMI-Schnittstelle eingebaut.

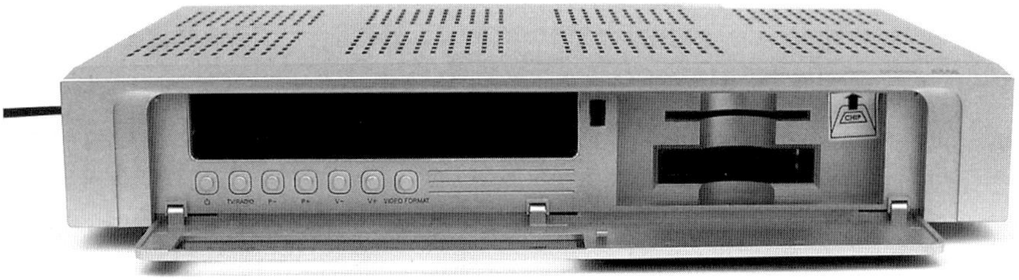

Zwei CI-Steckplätze erlauben den Empfang verschlüsselter Programme. Damit ist der PR-HD1000 auch für den Empfang von HD1 geeignet.

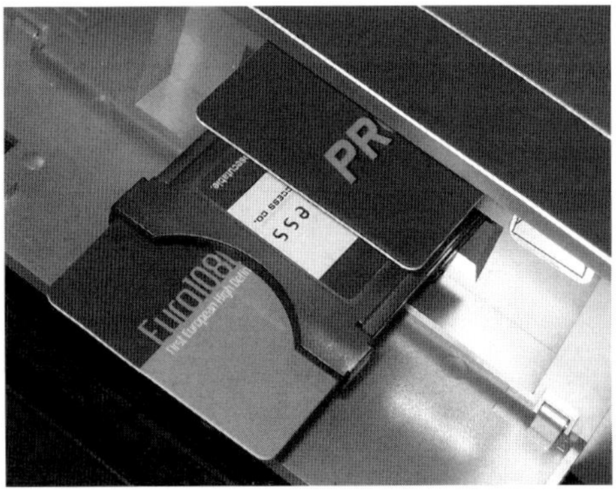

Dank CI-Schnittstellen können auch mit HDTV-Receivern mehrere verschlüsselte Angebote von Programmen in Standard- und HDTV-Auflösung genutzt werden.

Zu empfehlen sind Receiver, die zwei Decodiermodule aufnehmen. Neben HD1 gibt es auch weitere Pay-Pakete, die von Interesse sein können. Zu ihnen zählen Easy TV (Cryptoworks) sowie das MTV-Paket und das TechniSat-Pay-Radio (beide in Conax). Hat man neben HD1 auch Interesse an weiteren verschlüsselten Angeboten, helfen Receiver mit zwei CI-Schnittstellen, nicht ständig das Decodiermodul wechseln zu müssen. Moderne HDTV-Receiver ersetzen die alte Digital-Box. Mit ihnen kann man alle digital über Satellit übertragenen Fernseh- und Hörfunksender empfangen. Egal ob in HDTV oder in Standard-Auflösung. Auch beim Bedienungskomfort lassen diese Receiver keine Wünsche offen.

Besitzt man bereits einen LCD- oder Plasma-Fernseher, der mit dem HD-ready-Logo ausgestattet ist, empfiehlt sich der Kauf einer HDTV-Box. Nur sie ist in der Lage, dem neuen Fernsehgerät Bilder in vollendeter Perfektion zu entlocken.

Festplatten-Receiver

Festplatten-Receiver gibt es in allen bis jetzt beschriebenen Digital-Receiver-Varianten. Meist sind sie mit zwei CI-Schnittstellen für den Empfang verschlüsselter Programme ausgestattet. Einige Geräte sind auch mit einer Premiere-Zertifizierung versehen. Einige wenige Einsteiger-Geräte sind FTA-Modelle, mit denen man ausschließlich frei empfangbare Sender sehen kann. Wegen der im Raum stehenden Verschlüsselung deutscher Privatsender sind sie abzulehnen.

Festplatten-Receiver lassen Fernsehen mit besonders hohem Komfort genießen. Sie gestatten etwa, Fernseh- oder Radioprogramme in Original-Qualität aufzuzeichnen. Verschiedene Modelle lassen sogar das parallele Mitschneiden von mehr als vier Programmen zu. Viele Geräte zeichnen auch alle Ton-Varianten auf, die vom Sender ausgestrahlt werden. So angeboten, kann man sogar während der Wiedergabe aussuchen, ob man einen Film in Originalfassung oder deutscher Synchronisation sehen möchte. Festplatten-Receiver zeichnen auch Dolby-Digital-Ton auf. Damit sind sie gegenüber DVD- oder VHS-Rekordern eindeutig im Vorteil.

Festplatten-Receiver sind überaus flexibel. Während gerade eine Aufnahme läuft, kann man eine bereits zuvor aufgenommene Sendung ansehen. Sofern das Gerät einen Doppeltuner eingebaut hat, kann man während einer laufenden Aufnahme zeitgleich auch ein anderes Fernsehprogramm live ansehen. Während eine Aufnahme noch läuft, steht sie schon zur Wiedergabe bereit. Zu den interessantesten Funktionen eines Festplatten-Receivers zählt die Timeshift-Funktion. Sie erlaubt zeitversetztes Fernsehen. Wird man etwa kurzfristig beim Fernsehen gestört, kann die laufende Sendung mit der Pause-Taste der Fernbedienung angehalten werden. Wenn man wieder Zeit hat, kann man die Sendung weiter ansehen, ohne auch nur eine Szene verpasst zu haben. Timeshift erlaubt sogar, innerhalb der bereits gesehenen Sendung beliebig zurück- oder vorzuspulen.

Festplatten-Receiver sind für zeitversetztes Fernsehen konzipiert. Da die Speicherkapazität der in ihnen eingebauten Festplatten beschränkt ist, eignen sie sich nicht für den Aufbau eines umfangreichen Film-Archivs. Da sie in der Regel auch über einfache Schnittfunktionen verfügen, erlauben sie unter anderem, Werbeblöcke aus Spielfilmen herauszuschneiden. Gefällt ein auf Festplatte aufgezeichneter Film besonders, kann man ihn später ohne Qualitätsverlust immer noch auf DVD oder VHS-Kassette überspielen.

Blucom-Receiver

Blucom ist ein neuer Service, der von Astra entwickelt wurde. Es soll Fernsehen interaktiv machen. Blucom funktioniert ganz einfach. Programmanbieter senden zusätzlich zu Bild und Ton weitere Daten, die ergänzende Informationen und Dialogangebote enthalten. Der „Blucom-Receiver“ filtert die Zusatzdaten aus dem Signal heraus und kommuniziert direkt während der Sendung mit dem in der Nähe befindlichen Bluetooth-fähigen Mobiltelefon. Die Reichweite beträgt bis zu zehn Meter. Auf dem Display des Bluetooth-tauglichen Mobiltelefons mit Java 2 ME wird alles angezeigt, was die Programmveranstalter auf diesem Wege anbieten. Möchte der Fernsehzuschauer via Blucom an einem Voting teilnehmen oder etwa auf einem Teleshopping-Kanal etwas bestellen, wandelt das Handy die Aktivitäten seines Besitzers auf Wunsch automatisch in SMS-Botschaften um und sendet sie direkt zum Programmveranstalter. Obwohl Blucom an und für sich kostenlos ist, fallen für interaktive Nutzungen Gebühren an. Wie viel ein Anbieter für einen „automatischen Anruf“ berechnet, wird am Handy-Display unmissverständlich angezeigt. Nur wenn der Konsument damit einverstanden ist, wird die Interaktivität auch tatsächlich durchgeführt. Es wird lediglich der SMS-Versand berechnet, der über die bekannten, vorhandenen Telefon-Infrastrukturen (zum Beispiel: Telefonrechnung) abgerechnet wird. Die gelieferten Blucom-Zusatzdaten selbst sind kostenlos. Lediglich für den Download der notwendigen Software fallen einmalig geringe Kosten an.

Die Anwendungsgebiete von Blucom decken ein weites Feld ab. Ohne das laufende Fernsehbild zu unterbrechen, können Programmanbieter Informationen und Interaktionen am Handy anbieten. Per SMS oder GPRS können direkt Aufträge, Anfragen oder Abstimmungen zurückgeschickt werden. Blucom bietet zusätzliche Programminfos. Sobald ein Sender eingeschaltet wird, erhält man zur laufenden Sendung Informationen und Neuigkeiten. Es können auch Nachrichten-Schlagzeilen, Sportmeldungen, Wetter-Infos und so weiter, abgerufen werden. Welche Dienste verfügbar sind, bleibt der Fantasie des Programmanbieters überlassen. Votings und Gewinnspiele werden mit Blucom entscheidend vereinfacht. Das umständliche Wählen einer Telefonnummer entfällt. Ein einfacher Tastendruck genügt. Ergebnisse werden direkt am Handy angezeigt. Spannende Anwendungen ergeben sich auch für den Sport-Fan. Neben topaktuellen Sportnews, besteht etwa während eines Live-Fußballspiels die Möglichkeit, schnell und unkompliziert, Wetten abzuschließen. Die Höhe des Wetteinsatzes kann selbstverständlich individuell gewählt werden. Application Downloads erlauben das Ordern von Handy-Spielen oder neuen Klingeltönen. Teleshopping funktionierte bislang nur durch einen Anruf (und somit wählen einer Telefon-Nummer).

Blucom-Receiver sind nichts anderes als Digital-Receiver verschiedener Modellklassen, die über eine eingebaute Blutooth-Schnittstelle verfügen, über die sie Zusatzinformationen aufs Handy weiterleiten. Ein erster Blucom-Receiver wurde bereits 2005 vorgestellt. Es ist zumindest beabsichtigt, Digital-Boxen mit CI-Schnittstellen, mit und ohne eingebauter Festplatte, aber auch HDTV-Geräte mit dieser Funktion auszustatten. Ab wann diese Geräte verfügbar sein werden und ob Blucom zu einem Erfolg wird, lässt sich aus heutiger Sicht noch nicht absehen.

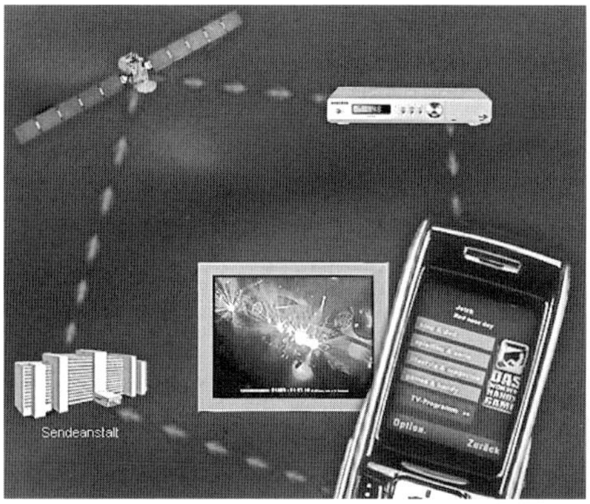

Blucom-Funktionsprinzip. Der Programmanbieter strahlt Zusatzdaten gemeinsam mit dem Fernsehprogramm über Satellit aus. Der Blucom-taugliche Digital-Receiver filtert die Zusatzdaten heraus und überträgt sie via Bluetooth auf das Handy. Der Rückkanal zum Sender erfolgt auf SMS-Basis.

Ausstattungskriterien

Damit ein Digital-Receiver über viele Jahre hinweg zufrieden stellt, sollte er einige Mindestkriterien erfüllen:

CI-Schnittstelle

Sie erlaubt den Empfang verschlüsselter Programme. Da verschiedene Codiersysteme zum Einsatz kommen, erlaubt ein CI-Receiver, ihn bei Bedarf mit jedem gewünschten Modul hochzurüsten. Das schafft hohe Zukunftssicherheit.

Digital-Tonausgang

Über Digital-Satellit werden viele Fernsehaber auch schon erste Radiosendungen, in Dolby 5.1 ausgestrahlt. Um den Raumklang in den eigenen vier Wänden nutzen zu können, ist der Receiver an eine Dolby-Digital-Hi-Fi-Anlage anzuschließen. Für Digital-Audio-Buchsen gibt es zwei Normen, die beide etwa die gleiche Verbreitung gefunden haben. In Digital-Receivern sind entweder ein koaxialer (schwarze Cinch-Buchse) oder optischer Digital-Tonausgang eingebaut. Beide Buchsen findet man nur an sehr wenigen Geräten. Ist bereits eine Dolby-Digital-Hi-Fi-Anlage vorhanden, ist auf die Buchsennorm, die der Verstärker eingebaut hat, Rücksicht zu nehmen.

Typisches Anschlussfeld eines Digital-Receivers. Neben den analogen Audio-Buchsen (links), gibt es auch einen digitalen Audio-Ausgang. Bei diesem Modell ist eine optische Buchse (rechts) eingebaut. Sie trägt die nicht verbindliche Bezeichnung: Optical.

Programmspeicherplätze

Der Digital-Receiver sollte nach Möglichkeit über mehr als 3.000 Programmspeicherplätze verfügen. Das ist Voraussetzung, damit der Receiver bei einem automatischen Sendersuchlauf auch wirklich alle Programme einliest. Schon heute werden über einzelne Satelliten-Positionen über 1.000 Programme ausgestrahlt. Tendenz steigend!

Timerplätze

Vor allem bei sehr preiswerten Digital-Boxen wurde die Timer-Funktion eingespart. Sollen Sendungen auch während der eigenen Abwesenheit aufgezeichnet werden, muss das Gerät die Möglichkeit bieten, auch Timer zu programmieren. Viele Geräte erlauben ein sehr komfortables Programmieren des Timers über den elektronischen Programmführer.

Komfortable Digital-Boxen bieten beliebig viele Timer-Plätze. Einfache Geräte lassen nur etwa fünf bis acht Ereignisse programmieren oder verzichten vollständig auf dieses Feature.

Software-Update über Satellit

Nüchtern betrachtet ist ein Digital-Receiver nichts anderes, als ein kleiner PC. Der Bedienungsumfang eines Receivers und dessen zuverlässiger Betrieb sind zum überwiegenden Teil softwareabhängig. Sie kann besonders bei eben erst neu auf den Markt gekommenen Geräten noch Mängel aufweisen. Diese werden über so genannte Software-Updates bereinigt. Über sie kann der Receiver auch nachträglich mit zusätzlichen, oder erweiterten Funktionen ausgestattet werden. Besonders komfortabel ist die Update-Möglichkeit über Satellit. Dazu ist in der Menüoberfläche lediglich der Punkt „Software-Update" (oder ähnlich beschriftet) auszuführen. Die Aktualisierung der Betriebsoberfläche geschieht selbsterklärend und vollautomatisch. Achtung: Nicht alle Digital-Receiver bieten ein Software-Update über Satellit an.

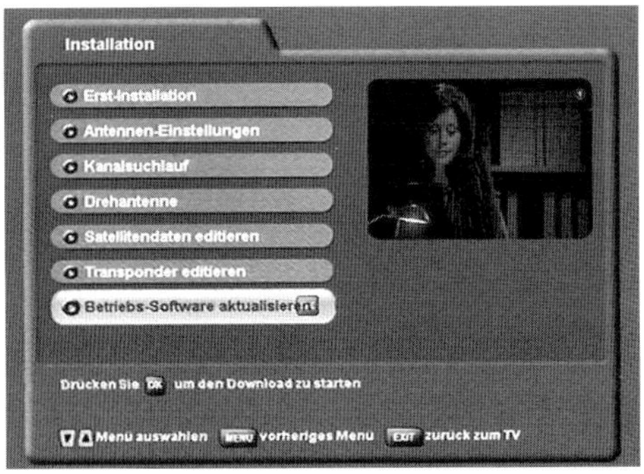

Software-Updates über Satellit sind sehr einfach zu bewerkstelligen. Hier ist nur der Button auszuwählen. Der Rest geht automatisch.

Zusätzlich bei Festplatten-Receivern:

Speicherkapazität

Die Speicherkapazität auf einer Festplatte ist begrenzt. Sie ist in der Regel um mindestens ein Drittel geringer, als in manchen Bedienungsanleitungen versprochen. Eine 80-GB-Festplatte fasst etwa 30 Stunden Fernsehsendungen. Die meisten der heute angebotenen Festplatten-Receiver verfügen über mindestens 120 bis 160 GB Speicherkapazität. Aus Komfortgründen sollte die Platte mindestens so groß sein.

Doppeltuner

Ein Doppeltuner ist nichts anderes, als zwei unabhängige Satellitenempfangsteile in einem Gerät. Er erlaubt unter anderem das gleichzeitige Aufzeichnen und Ansehen von zumindest zwei unterschiedlichen Programmen. Damit muss man sich nicht die Sendung ansehen, die gerade aufgenommen wird.

Komfortabler EPG

Über den elektronischen Programmführer lassen sich bequem und schnell Timer programmieren. Das ist vor allem bei Festplatten-Receivern wichtig. Ferner gilt es auf die individuelle Einstellmöglichkeit anderer Ein- oder Ausschaltzeiten zu achten. Das Timer-Menü soll auch Aufnahmen auf externe Rekorder berücksichtigen.

Einfache Bearbeitungs-Funktionen

Um sich im Festplatten-Speicher zurechtzufinden, soll der Receiver das Neubenennen von Aufnahmen erlauben. Einfache Schnittfunktionen erlauben das Entfernen von Werbeblöcken. Damit lassen sich in Folge, vom Privatfernsehen aufgezeichnete Sendungen ohne lästige Werbung und in besserer Qualität auf DVD überspielen.

Auf Festplatte gespeicherte Aufnahmen lassen sich häufig komfortabel bearbeiten. Dazu zählen unter anderem das Schneiden von Aufnahmen oder das Neubenennen einzelner Takes.

Astra-Verschlüsselung: Was bedeutet das?

Frei über Satellit ausgestrahlte Sender müssen Übertragungsrechte für den Sendebereich des Satelliten erwerben, über den sie zu sehen sind. Das treibt die Kosten in die Höhe. Zusätzlich gibt es immer häufiger Schwierigkeiten mit ausländischen Programmveranstaltern, die etwa herausragende Sportevents nur gegen Extragebühr im Pay-TV anbieten, während sie bei uns unverschlüsselt zu sehen sind. Die Angst ausländischer Fernsehsender, sie könnten Kunden an deutsche Kanäle verlieren, sorgte in Vergangenheit schon mehrfach für ernstzunehmende Konflikte. Wesentlich einfacher haben es da Programmveranstalter, die ihre Inhalte exklusiv über Kabelfernsehnetze oder IPTV verbreiten. Da sie ihre Programme drahtgebunden an den Kunden verteilen, bieten sie abgegrenzte Märkte, die etwa „Gratis-Zusehern" aus dem Ausland unzugänglich sind. Da sie zudem exakte Zahlen vorlegen können, wie viele Zuschauer erreicht werden, können sie die Kosten für Übertragungsrechte weitgehend minimieren. Dem gegenüber sehen sich frei empfangbare Satelliten-Sender, die nach wie vor ihre Übertragungsrechte für weite Teile Europas erwerben und auch teuer bezahlen müssen. Der Wunsch, heute frei empfangbare Sender verschlüsseln zu wollen, stammt von den Programmbetreibern. Die Verschlüsselung bringt für sie zwei wesentliche Vorteile. Der Hauptgrund ist, damit die enormen Kosten für Übertragungsrechte senken zu können. Sie wären künftig nur noch für den deutschen Sprachraum zu erwerben. Zusätzlich böte sich mit der Grundverschlüsselung eine Plattform, über die zusätzliche Programme gegen Extragebühr angeboten werden könnten.

Welche Programme betroffen?

Es scheint so, als gehe der Wunsch der Grundverschlüsselung von den Privatsendern aus. Berechtigtes Interesse dürfte vor allem von den großen Sendergruppen ausgehen. Es ist aber nicht auszuschließen, dass auch verschiedene kleine Privatsender ihr Signal verschlüsseln. Tatsache ist jedenfalls, dass öffentlich-rechtliche Programme keine Ambitionen zeigen, ebenfalls codieren zu wollen. Damit wären zumindest die vielen qualitativ hochwertigen und nicht weniger sehenswerten Programme der ARD-Anstalten und des ZDF weiter verfügbar.

Receiver-Fragen

Im Zuge der zahlreichen Verlautbarungen rund um die Astra-Verschlüsselung war immer wieder auch von speziellen, von Astra festgelegten Receiver-Spezifikationen die Rede. Sind die Boxen, die man schon zu Hause hat, künftig wertlos? Mit welchen Receivern wird man auch in Zukunft deutsches Privatfernsehen sehen können? So genannte Free-to-Air-Geräte (FTA) empfangen ausschließlich freie Programme. Mit ihnen ist man künftig von den grundverschlüsselten deutschen Privatsendern ausgesperrt. Will man sie weiter sehen, ist ein neuer Receiver erforderlich.

Zum Einsatz soll das Nagravision-Verschlüsselungssystem kommen. Damit eignen sich alle Digital-Empfänger, die „Geeignet für Premiere" sind. Ein laufendes Premiere-Abo ist nicht erforderlich. Wird gegenwärtig eine Premiere-Box nur für den Empfang freier Sender genutzt, ist künftig nur die „Astra-Karte" in den Receiver zu schieben und man kann weiter das volle Angebot nutzen. Weiter eignen sich alle Boxen mit CI-Schacht für den künftigen Empfang grundverschlüsselter deutscher Sender. CI-Receiver besitzen einen Schlitz, in den ein bis zwei unterschiedliche Decodiermodule gesteckt werden können. Damit sind alle aktuellen HDTV-Receiver ebenso geeignet wie digitale Festplatten-Receiver und einfache CI-Geräte. Ihr Alter spielt keine Rolle. Einschränkungen beim Empfang gibt es nicht. Um verschlüsselte Programme auch mit CI-Receivern sehen zu können, ist neben einer gültigen Smartcard auch ein Nagravision-Modul erforderlich. Es ist seit Spätsommer 2006 im Handel verfügbar.

Die von Astra festgelegten Receiver-Spezifikationen haben keinen direkten Einfluss, mit welchen Geräten man künftig deutsche Privatsender empfangen können wird. Sie behandeln in erster Linie Blucom-Spezifikationen. Blucom ist ein von Astra entwickeltes System, das Satellitenprogrammen Interaktivitäten am Handy ermöglicht. Dabei werden Zusatzdaten über Blutooth vom Receiver zum Handy geschickt und auf dessen Display wiedergegeben. Interaktivitäten, wie etwa Votings oder Bestellungen werden komfortabel über automatisierte SMS bewerkstelligt. Ist diese Zusatzfunktion verzichtbar, braucht man seinen vorhandenen Digital-CI-Receiver nicht zu ersetzen.

Kosten

Mit der Verschlüsselung frei empfangbarer Kanäle sind diese künftig nur noch gegen Bezahlung zu sehen. Im Vorfeld war von rund 3,- bis 5,- € die Rede.

Die Programmanbieter sehen mit der Codierung ihrer Signale Möglichkeiten für neue Geschäftsfelder. Auf sie nimmt Astra keinen Einfluss. Die neue Plattform gibt Programm-Veranstaltern die Möglichkeit, die Infrastruktur etwa für die Vermarktung zusätzlicher Programme zu nutzen. Das heißt aber auch, dass nicht alle Sender automatisch auf der Astra-Karte freigeschaltet sein werden. Für bestimmte Angebote werden künftig zusätzliche Gebühren fällig werden.

Tatsache ist, dass dem Endverbraucher mit der Einführung der Verschlüsselung anfangs nicht unerhebliche Kosten entstehen. Vor allem dann, wenn er sich schon einen oder mehrere Free-to-Air-Receiver für den ausschließlichen Empfang freier Kanäle zugelegt hat. Mit ihm sind künftig nur noch die Kanäle von ARD und ZDF zu sehen. Aber auch verschiedene Privatsender werden frei bleiben. Welche Privatsender von der Verschlüsselung betroffen sein werden, war während der Arbeiten zu diesem Buch noch nicht im Detail absehbar. Ist bereits ein CI-Receiver vorhanden, ist dieser nur noch mit einem Nagravision-Modul hochzurüsten. Es nimmt in Folge die „Astra-Smartcard" auf.

Simulcast-Betrieb

Die Verschlüsselung der Programme wird schrittweise erfolgen. Einen harten Umstieg wird es jedoch nicht geben. Wie der Wechsel vollzogen wird, ist ausschließlich Angelegenheit der Programmbetreiber, so Astra. Aus heutiger Sicht werden auch nicht alle Sender gleichzeitig mit der Codierung beginnen. Einen Zeitplan gibt es noch nicht. Es ist aber zu erwarten, dass die „heiße Phase" 2007 und 2008 erfolgen wird. Während der Umstellungsphase werden die Programme parallel auch noch frei empfangbar ausgestrahlt. Die Simulcast-Dauer soll etwa sechs Monate betragen. Sie dient dazu, um dem Zuschauer ausreichend Zeit zu geben, sich alles erforderliche Equipment anzuschaffen, um die von ihm geschätzten Sender auch künftig ansehen zu können. Die sich ebenfalls noch anbietende analoge Abstrahlung ist keine ernsthafte Alternative. Zum einen verzichtet man damit auf zahlreiche Zusatz-Funktionen, wie etwa den EPG und die komfortable Aufnahme auf Festplatte, zum anderen laufen die ersten Verträge für analoge Übertragungen bereits 2008 aus. Ab 2008 wird die Zahl verfügbarer analoger Satellitensender kontinuierlich sinken.

Die bevorstehende Verschlüsselung der Privatsender auf Astra dürfte nicht so schlimme Folgen nach sich ziehen, als ursprünglich befürchtet. Künftig wird es zwar weniger freie digitale Programme zu sehen geben, aber sie verschwinden nicht vollständig vom Bildschirm. Zumindest die hochwertigen öffentlich-rechtlichen Sender bleiben nach heutigem Stand der Dinge erhalten. Damit man für die Zukunft gewappnet ist, ist ein CI-Receiver, also eine Digital-Box, die auch Decodiermodule aufnehmen kann, erforderlich. Das umfangreiche Angebot umfasst einfache Modelle, bis zu Geräten mit integriertem Festplatten-Rekorder und für HD-Fernsehempfang. Als Alternative bieten sich Receiver mit eingebautem Nagravisions-Decodiersystem an. In der Praxis sind das „Geeignet-für-Premiere-Boxen“.

Noch ist die „Astra-Grundverschlüsselung“ nicht in Betrieb und es ist durchaus möglich, dass die Pläne doch nicht in die Tat umgesetzt werden. Die Wahrscheinlichkeit, dass die Verschlüsselungs-Pläne nicht realisiert werden, ist jedoch sehr gering. All diese Überlegungen zeigen aber, dass von Free-to-Air-Receivern dringend abzuraten ist. Selbst wenn sie verhältnismäßig preiswert angeboten werden, ist der Ärger groß, wenn man mit ihnen, vielleicht schon in wenigen Monaten, Lieblingsprogramme nicht mehr sehen kann. Für verschlüsselte Programme geeignete CI-Receiver kosten auch nur unerheblich mehr, als gute FTA-Boxen.

Ein- oder Mehrteilnehmer-Anlage?

Wie viele Teilnehmer soll eine Satellitenanlage versorgen? Am billigsten sind so genannte Einteilnehmer-Anlagen. Sie bestehen aus einer Antenne mit einem LNB, an den direkt ein Satelliten-Receiver angeschlossen werden kann. Einteilnehmer-Anlagen werden häufig auch als Sets angeboten. In ihnen ist bereits alles enthalten, was man für den Aufbau der Anlage braucht.

Anlagen für einen Teilnehmer empfehlen sich nur, wenn man Satellitenfernsehen tatsächlich nur auf einem Fernsehgerät nutzen möchte. Sie empfehlen sich etwa für Single-Haushalte oder sehr kleine Wohnungen, in denen ohnehin nur ein Fernseher betrieben wird. Eine spätere Erweiterung der Anlage ist nur durch Austausch des LNBs möglich. Diese Anlagentype erfüllt heute nur noch geringe Anforderungen. Ihre Leistungsfähigkeit wird bereits überschritten, wenn man an ihr einen Festplatten-Receiver mit Doppeltuner betreiben möchte. Damit man auch während einer Aufnahme uneingeschränkten Zugang zu allen Satellitenkanälen hat, sind von der Antenne zwei Antennenleitungen zu verlegen. Bei einer Einteilnehmer-Anlage geht das nicht. Für das genannte Beispiel benötigt man zumindest einen LNB, der zwei unabhängige Ausgänge besitzt. An ihn können etwa ein Satelliten-Receiver mit Doppeltuner oder zwei einfache Receiver angeschlossen werden.

Für wie viele Teilnehmer eine Satellitenanlage ausgelegt werden soll, wird etwa davon bestimmt, wie viele Fernseher im Haushalt vorhanden sind. Neben dem Hauptgerät im Wohnzimmer, sind weitere Geräte etwa in der Küche oder im Schlafzimmer, sowie in den Kinderzimmern üblich. Um den Komfort des Satellitenfernsehens uneingeschränkt nutzen zu können, empfiehlt es sich, jedes Fernsehgerät mit einem Satelliten-Receiver zu bedenken. Wie die Erfahrungen zeigen, sind für Einfamilien-Haushalte meist drei bis vier Anschlüsse gefordert. In die Überlegung, wie viele Teilnehmer angeschlossen werden, sind aber auch künftige Anwendungsmöglichkeiten zu berücksichtigen. Dazu zählen Computer. Sie werden immer häufiger mit Satellitenempfangsteilen ausgestattet. Man kann mit ihnen nicht nur am Rechner fernsehen. Fernseh- oder Radiosendungen lassen sich auch auf Festplatte aufzeichnen, nachträglich bearbeiten und archivieren. Das kann auf DVD ebenso sein, wie auf der Speicherkarte für den MP3-Player. Es spricht nichts dagegen, Satellitenradio zeitversetzt beim Joggen über den MP3-Player zu hören. Als weiteres Anwendungsgebiet kann Satelliten-Internet von Interesse sein. Etwa dann, wenn man in einer ländlichen Region wohnt, in der es weder einen DSL-Anschluss, noch schnelles Kabel-TV-Internet gibt. Außerdem gibt es so genannte Push-Dienste, bei denen ein Paket interessanter Internet-Angebote kostenlos auf den PC über Satellit übertragen wird.

Mehrteilnehmer-Anlagen für vier Teilnehmer lassen sich sehr leicht mit einem so genannten Quad-LNB realisieren. Er besitzt bereits vier Ausgänge, von denen zu jedem Receiver eine eigene Leitung zu verlegen ist. Sollen mehr als vier Receiver versorgt werden, kann man auch auf LNBs mit acht Ausgängen zurückgreifen. Als Alternative bietet sich an, die Anlage mit einem kaskadierbaren Multischalter zu realisieren. Er ist im Dachboden zu montieren. Von ihm führen vier Leitungen zum LNB. Kaskadierbare Multischalter lassen sich beliebig erweitern. Mit ihnen kann man sogar Anlagen mit zum Beispiel 64 Teilnehmern verwirklichen. Der Vorteil der Kaskadentechnik ist, dass man den Multischalter jederzeit dann um zusätzliche Ausgänge erweitern kann, wenn man sie gerade braucht. Es gibt aber auch große Multischalter, an denen bis zu 16 Receiver direkt angeschlossen werden können. Mehrteilnehmer-Anlagen empfehlen sich nicht nur für Einfamilien-Häuser. Sie sind auch die ideale Lösung für Mehrfamilien- oder Reihenhäuser. Dabei ist nur eine Antenne zu montieren. Jeder angeschlossene Haushalt kann dennoch so viele Anschlüsse erhalten, wie er will.

Mehrteilnehmer-Anlagen: Receiverfragen

Müssen an einer Mehrteilnehmer-Anlage baugleiche Receiver betrieben werden? Nein. Es ist vollkommen egal, welche Geräte zum Einsatz kommen. So kann man etwa im Wohnzimmer einen Festplatten- oder HDTV-Receiver finden, während etwa im Schlafzimmer eine einfache CI-Box ihren Dienst versieht. Im Kinderzimmer kann auch noch der alte Analog-Receiver betrieben werden. Wenn er mal defekt ist, kann man ihn immer noch gegen einen Digital-Empfänger austauschen.

Problem: Kabelverlegung

Immer wieder stellt sich die Frage, wie das Antennenkabel von der Antenne zum Receiver verlegt werden soll. Die bereits vorhandene Verkabelung der terrestrischen Antennenanlage kann nur zum Teil verwendet werden. Sehr einfach lassen sich bereits bestehende Antennenverkabelungen weiter nutzen, wenn sie von einem zentralen Punkt am Dachboden zu jedem Fernsehgerät führen. Man spricht auch von Stern-Verteilung. Bei ihr wird mit jedem Kabel nur ein Fernsehgerät versorgt. Um diese Verkabelung weiter nutzen zu können, sind vorhandene Antennen-Steckdosen auszutauschen. Satelliten-taugliche Steckdosen haben drei Anschlüsse. Neben den bereits bekannten Buchsen für Fernsehen und Radio haben sie eine dritte mit einem Schraubgewinde. Daran ist der Satelliten-Receiver anzuschließen. Am Dachboden ist jedes der Antennenkabel mit einem Ausgang des LNBs zu verbinden. Verschiedene Quad-LNBs schleifen auch das terrestrische Antennensignal durch, weshalb in Summe für Satellitenfernsehen und analoges- oder DVB-T-Fernsehen weiter nur ein Kabel benötigt wird. Das kann auf einfache Weise geschehen, indem man das bereits vorhandene, aber in der Regel zu kurze Kabel, mit einer „F-Kupplung“ und einem neuen Stück Antennenkabel verlängert. Achtung! Sind bereits sehr alte Antennenkabel verlegt, kann es wegen alterungsbedingter Erscheinungen zu Störungen beim Satellitenempfang führen. Ist das Kabel schon älter als 10 bis maximal 15 Jahre, sollte es ausgetauscht werden.

In älteren Haushalten sind an einem bereits vorhandenen Antennenleitungsstrang häufig mehrere Fernseher angeschlossen. Bei ihnen sind mehrere Antennensteckdosen parallel geschaltet. Solche Antennenkabel-Verlegungen können nicht für Satellitenempfang herangezogen werden. Es sind für die Satellitenanlage neue, zusätzliche Leitungen zu verlegen. Auf vorhandene Installationsrohre kann in diesen Fällen nur zum Teil zurückgegriffen werden. Stemmarbeiten sind dennoch nicht erforderlich. Zusätzlich zu verlegende Antennenkabel lassen sich in der Wohnung dennoch sehr gut verstecken. Etwa hinter Vorhängen oder unter Sesselleisten. Kabel lassen sich auch in unauffälligen Installationsschächten verstecken.

Montage und Inbetriebnahme

Richtige Antennenmontage

Immer wieder werden Bedenken wegen der Montage einer Satellitenantenne laut. Die Argumente, dass die Dinger hässlich seien und das Gebäude verschandeln würden, stimmen jedoch nur zum Teil. Nur allzu häufig wird dabei übersehen, dass viele Häuser bereits mit großen Antennenanlagen für den Empfang terrestrischer Fernseh- und Radioprogramme „geschmückt" sind. Die mitunter sehr großen Gebilde sind zwar wesentlich hässlicher und auffälliger als eine Satellitenantenne, aber an ihren Anblick hat man sich eben gewöhnt.

Alte Antennen überflüssig

Mit der Errichtung einer Satellitenanlage wird die terrestrische Antennenanlage in vielen Fällen überflüssig. Immerhin werden über Astra alle wichtigen deutschen Fernsehprogramme ausgestrahlt. Zu den über 120 frei empfangbaren deutschsprachigen Fernsehprogrammen zählen unter anderem auch die Lokalversionen zahlreicher Dritter Programme. Dazu gibt es annähernd 100 Rundfunkprogramme aus Deutschland und Österreich. Damit bietet der Satellit eine größere Programmvielfalt und Qualität, als sie das wesentlich teurere Kabelfernsehen, DVB-T oder analoges terrestrisches Fernsehen bereitstellen. Alleine die Demontage der alten Antennenanlage trägt entscheidend zur Verschönerung eines Gebäudes bei.

Satellitenantennen lassen sich leicht an bestehenden Antennenmasten montieren. Da über Satellit ohnehin so gut wie alle deutschen Fernsehsender kommen, wird die alte Antennenanlage in vielen Fällen sogar überflüssig.

Unauffällige Antennen

Für guten terrestrischen Empfang, soll die Antenne möglichst hoch montiert werden. Diese Regel gilt vor allem bei unzureichenden Empfangsbedingungen. Beim Satellitenfernsehen spielt sie keine Rolle mehr. Wodurch eine wesentlich höhere Flexibilität bei der Wahl des Montageorts erreicht wird. Einzige Voraussetzung ist die freie Sicht zum Satelliten. Neben dem Dach bietet sich unter anderem die Hauswand, aber auch der Garten an.

Namhafte Hersteller bieten ihre Satellitenantennen in mehreren Farben an. Häufig sind es Weiß, Rot- und Grau-Töne. Damit ist es nicht notwendig, etwa auf einem roten Dach eine weiße Satellitenantenne zu montieren. Von feinmaschigen Gitterantennen, so wie sie immer wieder als Schnäppchen in diversen Großmärkten angeboten werden, ist allerdings abzuraten. Sie sind zwar weitgehend „unsichtbar" empfangen aber schlechter, als gleichgroße solide Satellitenspiegel. Außerdem verfügen diese Teile häufig nur über geringe Verarbeitungsqualität.

Unauffällige Montage

Es gibt viele Möglichkeiten, eine Satellitenantenne unauffällig zu montieren. Entscheidend sind dabei, die Farben der Hauswände und des Dachs. So die Dachfront gut einzusehen ist, empfehlen sich rote oder dunkelgraue Spiegel. Sie entsprechen der Farbe der meisten bei uns anzutreffenden Dächer. Ferner sollte die Antenne so tief montiert werden, dass sie an keiner Stelle über die Dachoberkante hinausragt. Damit fällt sie an der Straße vorbeigehenden Passanten nur bei genauem Hinsehen auf.

Eine weitere Möglichkeit wäre, die Antenne an der Hinterseite des Daches zu montieren. Dabei sind jedoch die Elevation des zu empfangenden Satelliten und die Höhe des Daches zu berücksichtigen. Die Elevation gibt den Winkel in Grad an, in dem der Satellit vom Standort aus gesehen, über dem Horizont steht. Astra steht im süddeutschen Raum etwa 35° über dem Horizont. In Norddeutschland sind es nur noch etwa 27°. Die, von der Unterkante des Reflektors gedachte Linie zum Dachgiebel muss kleiner oder gleich dem Elevationswinkel am Standort sein. Damit ist gewährleistet, dass die gesamte Antennefläche ungehinderte

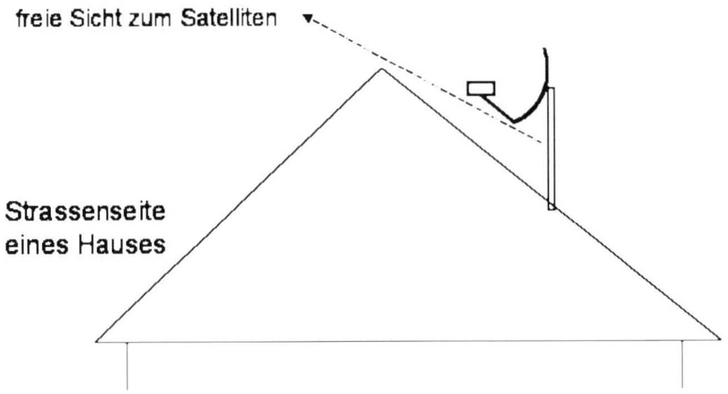

Wird die Satellitenantenne an der Rückseite des Daches montiert, ist besonders auf freie Sicht zum Satelliten zu achten. Zwischen Spiegel-Unterkante und Dachgiebel darf höchstens der Elevationswinkel auftreten.

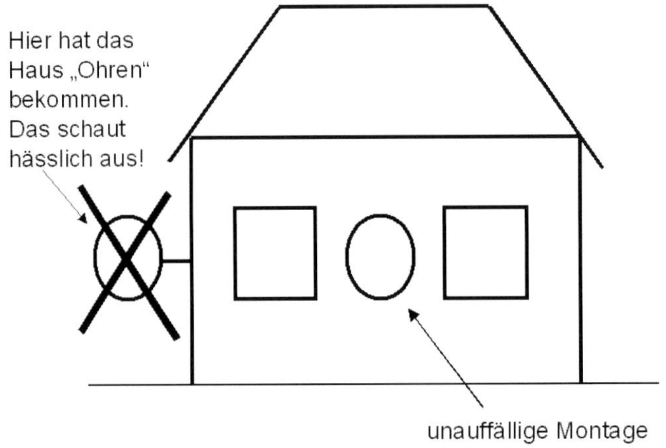

An Hauswänden fügen sich Satellitenspiegel am besten ein, wenn sie etwa zwischen zwei Fenstern montiert werden. Das kann auch zwischen zwei Stockwerken sein. Von einer seitlichen Montage ist strikt abzuraten.

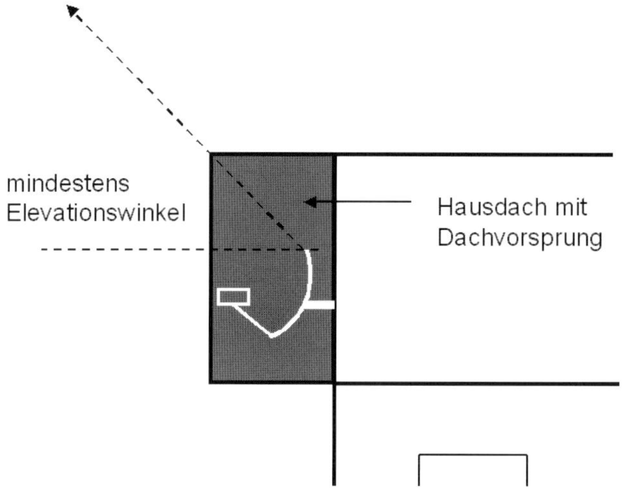

Auch bei der Montage unter dem Dachgiebel ist der Elevationswinkel zu beachten.

Sicht zum Satelliten hat. Bei der Dachmontage sind auch die örtlich zu erwartenden Schneemengen zu berücksichtigen. In schneeärmeren Gegenden reicht es mitunter schon, zwischen Dach und Satellitenantennen-Unterseite 20 bis 40 cm Freiraum zu lassen.

An Wänden fügt sich eine Satellitenantenne am besten ein, wenn sie etwa mittig zwischen zwei Fenstern montiert wird. Das verleiht der Hausfront ein gefälliges Aussehen und der Spiegel wird nicht als störend empfunden. Gelegentlich sieht man auch an einer Seitenwand montierte Spiegel, die dem Haus den Eindruck verleihen, es hätte ein Ohr bekommen. Von dieser Montagemöglichkeit ist strikt abzuraten. Mehr kann man sein Haus nicht verschandeln.

Eine weitere Variante der Antennenmontage ist unter dem Dachgiebel. Dem Wunsch, die Antenne hier möglichst weit oben zu montieren, kann nur zum Teil entsprochen werden. Auch hier ist der Elevationswinkel zu berücksichtigen. Allerdings von der Oberkante des Reflektors gemessen! Je weiter das Dach an den Hauswänden hervorsteht, umso größer ist die Gefahr, dass die Antenne ganz oder teilweise vom Dachvorsprung verdeckt wird. Es macht keinen Sinn, wenn eine installierte 90-cm-Antenne nur noch den Wirkungsgrad einer 50er-Antenne hat. Je weiter der Dachvorsprung nach vorne ragt, umso weiter ist die Antenne nach unten zu rücken. Höhe gewinnt man aber auch, wenn man anstatt einer kleinen, eine größere Wandhalterung mit längerem Montagearm verwendet. Mit ihr erreicht man einen Abstand zwischen Reflektor und Hausmauer von bis zu einem Meter.

Der richtige Standort

Bei der Wahl des geeigneten Antennenstandorts sind nicht nur ästhetische Kriterien zu berücksichtigen. Mindestens genauso wichtig ist die stets freie Sicht zum Satelliten. Sie garantiert einwandfreien Empfang. Damit das auch so bleibt, ist schon vor der Antennenmontage ein geeigneter Standort auszuwählen. Während umliegende Gebäude in der Regel ausreichend berücksichtigt werden, wird Bäumen und Ziersträuchern meist nur geringe Beachtung geschenkt. Sie werden nämlich mit der Zeit nicht nur größer, sondern auch breiter. Auch Bewegungen der Äste im Wind sind nicht zu unterschätzen. Schaut die Antenne nahe an einem großen Baum vorbei, kann das wechselhafte Empfangsresultate verursachen. Jedes Mal, wenn sich etwa bei im Sturm bewegende Äste zu sehr zwischen Satellit und Satellitenantenne schieben, bricht der Empfang kurzfristig zusammen.

Besondere Gefahr besteht auch, wenn die Satellitenanlage während des Winters montiert wird. Hier verschätzt man sich gerne, wenn es darum geht, die Fülle eines Laubbaumes zu beurteilen. Es gibt mehr als genug Leute, die ein Lied davon singen können, wie der Satellitenempfang mit dem Sprießen der Blätter von Tag zu Tag schlechter wurde. Das Problem lässt sich nur beseitigen, indem man Bäume oder Sträucher zurechtstutzt. Da sie wieder nachwachsen, führt das zu keiner dauerhaften Lösung. Ratsamer ist es, die Satellitenantenne von Beginn an, an einem geeigneteren Standort aufzubauen.

Bäume wachsen nicht nur in die Höhe, sie werden auch breiter. Schaut die Antenne zu nah an einem Baum vorbei, könnte dieser im Laufe der Jahre die freie Sicht zum Satelliten unterbinden.

Winkel A (Elevation)	Steigung B (cm pro m)
22°	40,40
24°	44,52
26°	48,77
28°	53,17
29°	55,40
30°	57,74
31°	60,00
32°	62,49
33°	64,90
34°	67,45
35°	70,02
36°	72,65
37°	75,36
38°	78,13

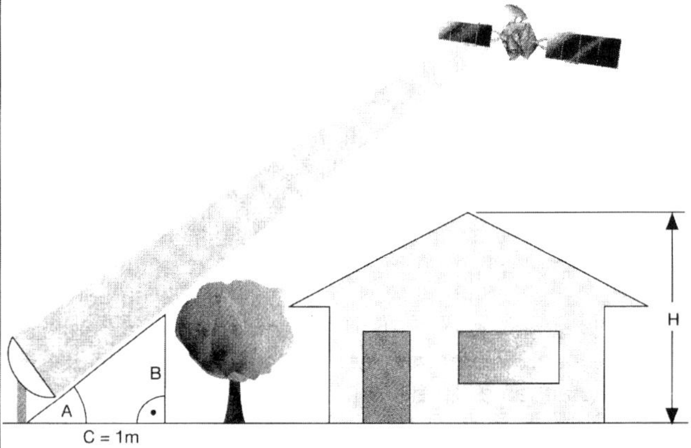

Die Tabelle zeigt die Maximalhöhe von Hindernissen in Abhängigkeit ihres Abstands zur Satellitenantenne. Damit lässt sich erkunden, ob etwa ein Baum die direkte Sicht zum Satelliten beeinträchtigt.

Satellitenantenne montieren und ausrichten

Zuerst ist ein geeigneter Standort für die Antenne auszusuchen. Er wird vor allem davon bestimmt, von wo man direkte Sicht zum Satelliten hat. In der Regel genügt ein Blick zum Nachbarn, um die ungefähre Ausrichtung der Antenne festzustellen. Astra befindet sich von unseren Breiten aus gesehen, ziemlich genau im Süden. Im Süden des deutschen Sprachraums ist seine Elevation (Schräge) etwa 35° über dem Horizont. Im deutschen Norden sind es etwa 25°. Am vorgesehenen Montageort dürfen weder benachbarte Gebäude, noch Gewächse die direkte Sicht zum Satelliten behindern. Es empfiehlt sich deshalb nicht, die Antenne etwa hinter einer Hecke zu montieren.

Wand-oder Masthalterung

Häufig wird die Satellitenantenne an der Hauswand montiert. Dazu ist eine so genannte Wandhalterung erforderlich. Es gibt verschiedenste Konstruktionen, die alle ihren Zweck erfüllen. Allen gemeinsam ist ein kurzes Rohr, an der die Antenne später anzuschrauben ist. Die Halterung ist so zu befestigen, dass dieses Rohr exakt senkrecht steht. Es darf sich weder zur Seite neigen (Halterung schief angeschraubt) noch zur oder von der Wand zeigen. Letzteres deutet auf eine schiefe Wand, beziehungsweise schief angebrachten Hausverputz hin. Eine schiefe Montage lässt sich nur verhindern, indem man die für die Wandhalterung erforderlichen Bohrungen genau anzeichnet und kontrolliert. Dazu eignet sich eine Wasserwaage besonders gut. Da die Bohrungen der Halterung selbst in der Regel etwas größer als die zum Befestigen verwendeten Schrauben sind, lässt sich die Wandhalterung nachträglich noch etwas ausrichten. Bei schiefen Wänden bedient man sich eines kleinen Tricks. Damit die Wandhalterung dennoch gerade montiert werden kann, werden an geeigneter Stelle zwischen Wand und Rückseite der Halterung Unterlegscheiben zwischengelegt. Idealerweise steckt man sie gleich auf die Schrauben, mit der die Halterung angeschraubt wird. Wo Unterlegscheiben oder etwa kleine Blechstreifen zwischenzulegen sind, wird mit der Wasserwaage ermittelt. Dazu sind jeweils bei gut befestigtem Rohr zwei um 90° versetzte Messungen erforderlich. Alle verwendeten Schrauben, Muttern, Unterlegscheiben oder eventuell verwendete dünne Blechstreifen müssen ausnahmslos aus nicht rostendem Material beschaffen sein. Nur verzinkte Schrauben oder Muttern, besser noch Edelstahlmaterial (A2), gewährleisten auch nach Jahren, dass sie noch zu öffnen sind. Liegt der Halterung nur einfaches, rostanfälliges Material bei, ist es auszutauschen! Holz eignet sich nicht zum Zwischenlegen. Anfangs mag es seine Aufgabe zwar erfüllen, aber spätestens, wenn es zu modern beginnt, verliert es an Substanz und die Halterung wird locker.

Wandmontagen sind nicht immer einfach durchzuführen. Vor allem dann nicht, wenn das Haus mit einer Wärmedämmung versehen ist. Sie ist bis zu 15 cm dick. Da Dämmstoffe in der Regel aus sehr weichem Material bestehen, kann man an solche Wände nicht unmittelbar eine Antenne anschrauben. Damit die Hausfassade keine unnötigen Schäden nimmt und die Antenne dennoch mit dem erforderlichen Halt befestigt werden kann, ist die Wärmedämmung an der Montagestelle zu entfernen. Einfache Wandhalterungen sind primär dazu gedacht, die Antenne im weiteren Sinne parallel zur Hauswand aufzunehmen. Ist die Antenne etwas schräger auszurichten, könnte der Haltearm zu kurz werden, wenn er teilweise „hinter der Wärmedämmung" verschwindet. Im Zweifelsfalle ist eine etwas größere Halterung, die ein weit reichendes Schwenken der Antenne zulässt, zu verwenden.

Wandhalterungen sind aus Aluminium oder feuerverzinktem Stahl gefertigt. Aluminium-Halterungen sind leicht und sehr witterungsbeständig. Aluminium ist allerdings ein relativ weiches Material. Wird an einer Alu-Halterung eine sehr schwere Antenne montiert, biegt sich der Ausleger der Halterung unter dem Eigengewicht der Antenne langsam nach unten. Dieser Vorgang kann Jahre dauern. Mit dem verbiegen der Alu-Halterung verändert sich auch der Elevationswinkel der Antenne. Das ist die Schräge, mit der sie zum Satelliten schaut. Je geringer der Winkel wird, umso schlechter werden die Empfangsleistungen des Spiegels. Um dem vorzubeugen, ist bei größeren und/oder schwereren Satellitenantennen eine solidere Wandhalterung aus feuerverzinktem Stahl vorzuziehen. Wegen der wesentlich höheren Stabilität von Stahl, kann sie die Halterung bei hoher Belastung nicht verformen. Sehr solide 90-cm-Satellitenantennen können mit angeschraubtem LNB bis an die 15 kg wiegen. Das ist ein Vielfaches dessen, was viele einfacher gefertigte Spiegel auf die Waage bringen.

Soll die Antenne auf das Dach, ist nur ein kurzer Antennenmast erforderlich. Der Dachdecker hält für solche Zwecke spezielle Dachdurchführungsziegel bereit, die gewährleisten,

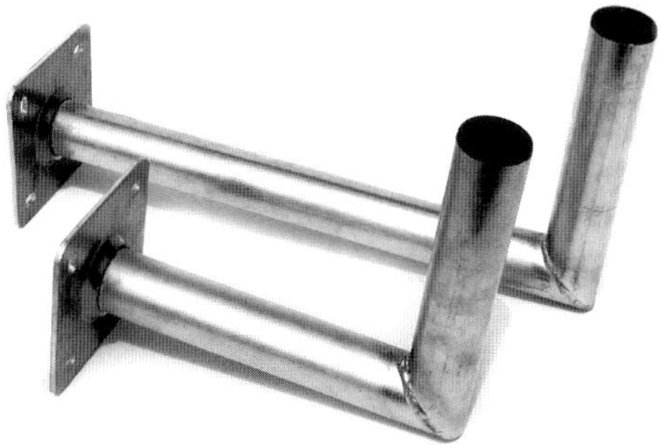

Wandhalterungen gibt es in verschiedenen Längen.

Für schwere Satellitenantennen sind Halterungen aus feuerverzinktem Stahl vorzuziehen.

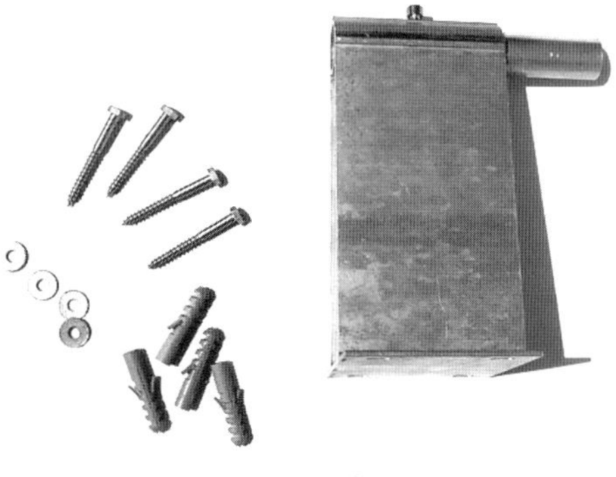

Halterungen sind mit geeignetem, witterungsbeständigem Schraubenmaterial zu befestigen.

Damit die Wandhalterung korrekt angeschraubt wird, ist sie mit der Wasserwaage einzumessen.

Unebenheiten in der Wand lassen sich zum Beispiel mit Unterlegscheiben zwischen Halterung und Wand ausgleichen.

Antennenmaste müssen absolut lotrecht stehen. Sie sind im Abstand von 90° (von vorne und von der Seite) mit der Wasserwaage zu kontrollieren.

dass das Dach auch weiter dicht bleibt. Der Mast selbst ist gut zu befestigen. Es empfiehlt sich, ihn etwa an einer Wand und zusätzlich am Dachstuhl an zwei Stellen anzuschrauben. Antennenmaste sind an die Blitzschutz-Anlage anzuschließen. Außerdem ist auf ihre sachgemäße Erdung zu achten. Hier hilft der fachkundige Elektro-Installateur weiter.

Satellitenspiegel können auch auf bereits bestehende Antennenmaste montiert werden. Auch hier ist grundsätzlich auf freie Sicht und einen absolut senkrechten Mast zu achten. Optimal ausgerichtete Masten und Befestigungsrohre erleichtern in Folge das Einrichten der Antenne.

Antenne montieren

Satellitenspiegel müssen vor der Montage erst zusammengebaut werden. Namhafte Firmen liefern gut durchdachte Konzepte, bei denen der LNB-Arm und die Schellen, mit der die Antenne an das Rohr befestigt wird, bereits zusammengebaut sind. An sie ist nur noch der LNB und der Reflektor mit wenigen Schrauben zu befestigen. Vor allem billige No-Name-Produkte beschreiten mitunter einen anderen Weg. Hier werden alle Teile einzeln, fein säuberlich in Tüten eingeschweißt, geliefert. Es kann bis zu einer Stunde dauern, bis man Schellen oder den LNB-Arm zusammengebaut hat.

Anfangs reicht es, die Mastschelle mit LNB-Arm zusammengebaut zu haben. An ihrer Rückseite befinden sich zu jeder Seite bis zu zwei Schrauben. Eine davon ist in einem langen gebogenen Schitz zu finden. Mit diesen Schrauben ist die Elevation, also die Schräge, mit der die Antenne zum Satelliten schaut, einzustellen. Viele Antennen haben hier einen Winkelmesser eingeprägt, mit dem man die ungefähre Schräge ermitteln kann. Noch bevor die Halterung montiert wird, empfiehlt sich, die Schräge voreinzustellen. Das ist dann noch kein endgültiger Wert, hilft aber, den Satelliten schneller zu finden. Am einfachsten montiert man die Satellitenantenne, wenn zuerst am Mast oder der Wandhalterung nur

Markenhersteller liefern bereits weitgehend zusammengebaute Spiegel. Bei diesem Modell ist sogar das benötigte Werkzeug, ein Innensechskant-Schlüssel, im Lieferumfang enthalten. Ferner gibt es eine, speziell für diesen Spiegel passende Wandhalterung.

Nachdem der LNB-Arm montiert wurde, wird der Reflektor angeschraubt.

Nächster Schritt: Aufsetzen des LNBs.

der LNB-Arm mit bereits montiertem LNB befestigt wird. Die Schellen sind aber nur so fest anzuschrauben, dass die Halterung nicht mehr nach unten rutschen kann. Erst wenn sie den nötigen Mindesthalt hat, wird der Reflektor angeschraubt. Der Reflektor ist allein leichter zu handhaben, als die bereits fix und fertig montierte Antenne. Das macht sich vor allem bei größeren Antennen ab rund 75 cm angenehm bemerkbar.

Antenne ausrichten: Vorbereitungen

Am zuverlässigsten stellt man eine Satellitenantenne mit einem professionellen Messgerät ein. Das hat man in der Regel jedoch nicht zur Verfügung. Einfache Messgeräte, die mitunter ab etwa 10,- € für das Einrichten einer Antenne angeboten werden, liefern kaum zufrieden stellende Resultate. Ohne es zu wissen, hat man bereits ein hochwertiges und durchaus empfindliches Messgerät zu Hause: den Satelliten-Receiver. So gut wie alle Digital-Boxen bieten zwei Balkenanzeigen, die das optimale Einrichten des Spiegels erlauben. Die Anzeigen für Signalstärke und Qualität findet man, je nach Modell entweder im manuellen Sendersuchlauf-Menü, im Menü „Antennenkonfiguration" oder sogar in einem separaten Menüpunkt zur Signalbeurteilung. In der Regel ist dazu ins Installationsmenü einzusteigen.

Die meisten Geräte liefern nur relative Werte. Die Balkenanzeigen werden mit Prozentwerten auch in Zahlen ausgedrückt. Einige Boxen geben sogar den echten Messwert in dB an. Ein weiterer Vorteil der Digital-Receiver: so gut wie alle sind bereits vorprogrammiert. Wenn man etwa ins Signalstärke- oder Antennenkonfigurationsmenü einsteigt, wird bereits der Satellit, den man sehen möchte, berücksichtigt. Ab Werk bieten die Geräte die Daten des „deutschen" Astra auf 19,2° Ost. Das ist jener Satellit, auf den in deutschen Landen so gut wie alle Antennen ausgerichtet sind. Da in den Receivern auch andere Satelliten auf Abruf vorprogrammiert sind, haben sie unter anderem auch bereits die Daten von Türksat eingespeichert. Andere Satelliten sind in der Regel aber zuerst auszuwählen. Dank selbsterklärender Menüoberflächen gelingt das auch ohne langwieriges Studium der Bedienungsanleitung.

Mit den bereits vorprogrammierten Übertragungsparametern lässt sich der gesuchte Satellit leicht finden. Nur wenn alle Parameter, wie voreingestellt, empfangen werden, reagieren die Signalstärke- und Qualitätsanzeige. Ist die Antenne gerade auf einen anderen Satelliten ausgerichtet, schlägt bestenfalls der Signalstärkebalken aus. Mit diesem Werkzeug hat man sogleich die ideale Voraussetzung geschaffen, um gezielt den gewünschten Satelliten zu finden. Mit einfachen analogen Messgeräten ist das nicht unbedingt der Fall. Damit der Satelliten-Receiver als Einstell-Instrument genutzt werden kann, sind er und ein kleiner portabler Fernseher in der Nähe der Arbeitsstelle aufzustellen. Kann der Bildschirm nur unzureichend vom Monteur eingesehen werden, ist es hilfreich, wenn eine zweite Person das Geschehen am Fernseher kommentiert. Vor der eigentlichen Einstellung der Antenne, ist der LNB provisorisch an den Receiver anzuschließen. In weiterer Folge ist eine Scart-Verbindung zwischen Digital-Box und Fernseher herzustellen.

Montage der F-Stecker

Das Koaxialkabel erfüllt zwei Aufgaben. Es leitet die vom Satelliten empfangenen Signale zum Receiver weiter. Sorgt aber auch dafür, dass der LNB mit Strom versorgt wird. Weiter leitet es diverse Schaltbefehle vom Receiver zur Antenne. Das Koaxialkabel besteht aus einem Mittelleiter, einem ihm umgebenden Dielektrikum um das ein feines Drahtgeflecht, der Schirm, gewickelt ist und der äußeren Isolation. Je nach Ausführung des Kabels ist meist zwischen Schirmgeflecht und Dielektrikum eine metallbedampfte Folie gewickelt.

Koaxialkabel sehen alle ziemlich gleich aus. Es gibt sie mit verschiedenen Außendurchmessern, sowie für unterschiedliche Anwendungen. Koaxialkabel für „normales" terrestrisches Antennenfernsehen sind etwas preiswerter, für Satellitenempfang jedoch abzulehnen. Hochwertige Satelliten-Koaxialkabel haben einen etwas größeren Durchmesser und bessere elektrische Eigenschaften. Da sie höhere Frequenzen zu übertragen haben, als sie bei analogem oder digitalem Antennenfernsehen auftreten, spielt ihre Kabeldämpfung eine wichtige Rolle. Nur hochwertige Kabel garantieren auf viele Jahre ungestörten Satelliten-Empfang.

An die Enden des Koaxial-Antennenkabels sind so genannte F-Stecker zu montieren. Sie werden am LNB und Satelliten-Receiver angeschraubt. Bei der Montage der F-Stecker ist sehr sorgfältig vorzugehen. Zuerst ist die äußere Isolierung des Kabelendes mit Hilfe eines scharfen Messers auf einer Länge von rund 10 mm so durchzuschneiden, dass das dahinter befindliche Drahtgeflecht nicht beschädigt wird. Nachdem die äußere Isolierung abgezogen wurde, ist das Geflecht über die noch vorhandene Isolierung des Kabels nach hinten zu stülpen. Nun ist das Dielektrikum auf einer Länge von rund 7 mm sorgfältig mit einem scharfen Messer durchzuschneiden. Dabei darf der Mittelleiter nicht beschädigt werden. Anschließend ist das Dielektrikum abzuziehen. Bevor der F-Stecker aufgeschraubt wird, ist zu überprüfen, dass keine Litze des Geflechts Kontakt mit dem Mittelleiter hat. Das würde einen Kurzschluss ergeben, wodurch die Anlage nicht funktionieren könnte. Der F-Stecker ist so auf das Kabel zu schrauben, dass er eine feste Verbindung mit dem Schirm-

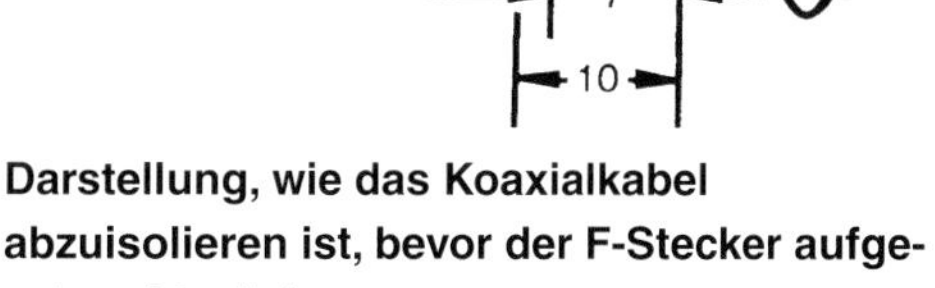

Darstellung, wie das Koaxialkabel abzuisolieren ist, bevor der F-Stecker aufgeschraubt wird.

geflecht eingeht. Der Mittelleiter darf weder Kontakt zu einer Litze des Schirms, noch zum Gehäuse des F-Steckers selbst haben.

Antenne ausrichten

Nachdem die Elevation voreingestellt wurde, wird die Antenne langsam von links nach rechts geschwenkt. Dabei ist auf Veränderungen der Balkenanzeigen am Bildschirm zu achten. Mit etwas Glück hat man die Elevation der Antenne schon so genau voreingestellt, dass bei Erreichen der Satellitenposition schon ein starker Pegelausschlag erfolgt. Üblicherweise wird der Pegelausschlag jedoch nur gering sein. Da die auf den Antennen aufgedruckten Skalen nur ungenau sind, lässt sich der Winkel kaum korrekt voreinstellen. Außerdem macht es sich bemerkbar, wenn der Mast nicht zu 100 % senkrecht steht.

Damit die Suche nach dem Satelliten gelingt, sind die Befestigungsschellen der Antenne nur so fest an das Rohr der Wandhalterung anzuschrauben, dass sie sich noch leicht nach

Die Elevation (Schräge, mit der die Antenne zum Satelliten schaut) wird voreingestellt.

Die, an den Satellitenantennen angebrachten Elevations-Winkelmesser liefern meist nur ungenaue Werte.

Die Antenne wird vorsichtig nach links und rechts gedreht. Dabei ist auf Signalausschläge des Receivers zu achten.

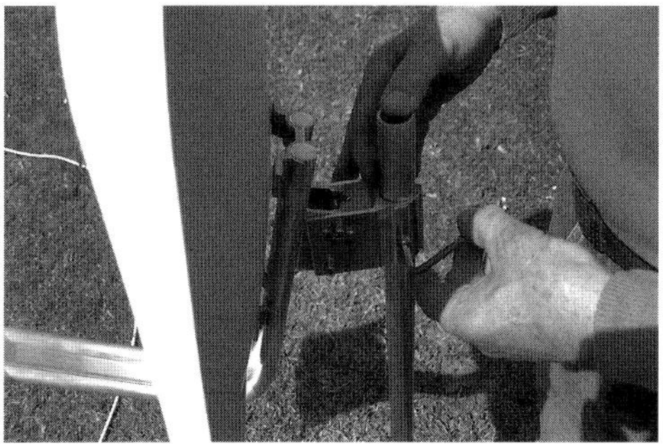

Nachdem die Antenne korrekt eingestellt wurde, sind noch alle Schrauben fest anzuziehen.

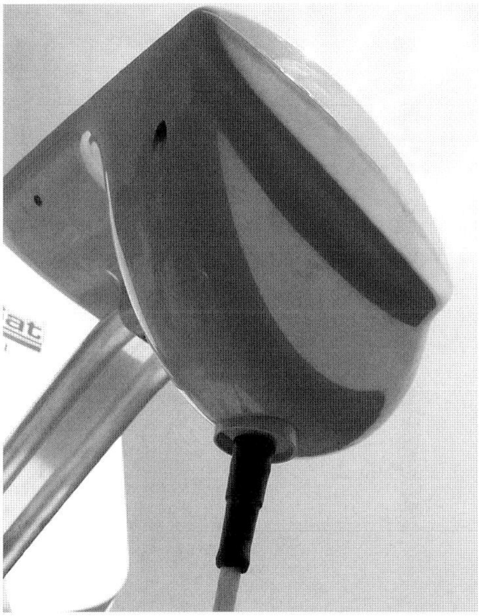

Eine Schutztülle über dem F-Stecker verhindert das Eindringen von Feuchtigkeit.

links und rechts schwenken lässt. Dabei gilt es zu berücksichtigen, dass die Antenne etwas nach unten hängt. Wodurch sich auch der Elevationswert etwas ändert. Als erstes wird die Antenne etwas nach Osten geschwenkt. Anschließend wird sie langsam nach Westen gedreht, wobei stets die Signalstärkeanzeigen am Bildschirm zu beobachten sind. Gelangt man in die Nähe des Satelliten, kommt es zu einem langsamen, aber kontinuierlichen Ansteigen von Signalstärke und Qualität. Beide Werte erreichen ihr Maximum, wenn die Antenne bestmöglich auf den Satelliten ausgerichtet ist. Wird die Antenne weiter in die gleiche Richtung bewegt, gehen beide Pegelwerte wieder gegen Null. Anschließend dreht man die Antenne wieder langsam nach Osten zurück. Beim Signalmaximum wird sie am Rohr fest angeschraubt. Viele Mastschellen für Satellitenantennen sind mit vier Muttern oder Flügelschrauben zu befestigen. Sie sind gleichmäßig anzuziehen. Dreht man etwa erst die Muttern der linken Seite fest zu, bevor man sich den rechten zuwendet, würde sich die Antenne etwas nach links verdrehen. Auf jeden Fall so viel, dass sie den eben noch angepeilten Satelliten wieder verlieren würde. Um dies zu verhindern, sind die Schrauben der Mastschellen diagonal anzuziehen. Nachdem man mit einer halben Umdrehung rechts oben begonnen hat, zieht man die linke untere Schraube um eine halbe Umdrehung an. Anschließend folgen, ebenfalls mit je einer halben Umdrehung, die rechte untere und linke obere Mutter. In dieser stets gleichen Reihenfolge werden die Muttern abwechselnd so lange zugezogen, bis die Antenne festen Halt hat. Diese Maßnahme gewährleistet, dass der Spiegel seine Position beibehält. Nun ist einmal der Satellit

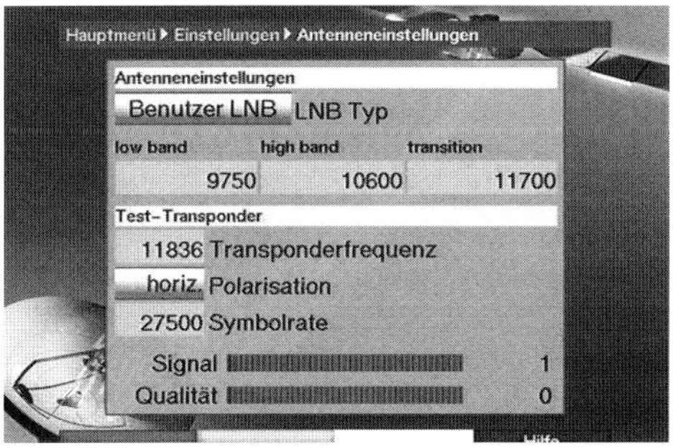

Dieses Gerät zeigt im Menü „Antenneneinstellungen" die Balken für Signalstärke und Qualität. Mit ihrer Hilfe lassen sich Satellitenspiegel sehr genau ausrichten. Wird noch kein Satellit empfangen, stehen beide Balkenanzeigen nahe 0 %.

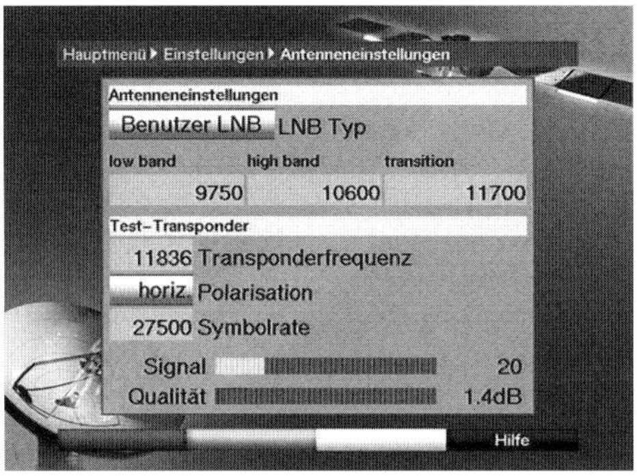

Mit voreingestelltem Elevationswinkel ist bei unserem Versuch beim ersten Ost-West-Schwenk schon ein schwacher Signalausschlag zu erkennen. Das ist unser Satellit! Die Antenne ist auf Signalmaximum auszurichten.

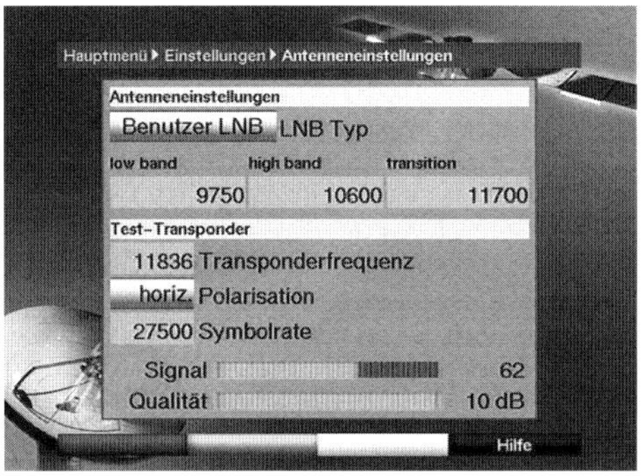

Anschließend wird die Schräge des Spiegels, die Elevation, korrigiert. Nun erhält man den Maximalausschlag. Einwandfreier Empfang ist gewährleistet.

gefunden und die Antenne optimal in ihrer Ost-/West-Ausrichtung, man spricht auch von Azimut, ausgerichtet. Fertig ist man zu diesem Zeitpunkt mit der Arbeit aber noch nicht. Da mit dem Anschrauben an der Halterung die Antenne zugleich etwas angehoben wurde, änderte sich ihr Elevationswinkel. Das hat zur Folge, dass das Signal entweder stärker oder schwächer wird. Es sind nun die Elevationsschrauben so weit zu lockern, dass sich der Reflektor flacher oder steiler schwenken lässt. Dabei sollen die Schrauben zumindest noch so viel Halt bieten, dass die Antenne nicht von selbst nach unten kippt. Nun wird der Reflektor vorsichtig von unten nach oben angehoben und abermals der Signal- und Qualitätspegel beobachtet. Der Maximalausschlag ist in gleicher Vorgehensweise, wie bei der Ost-West-Einstellung zu ermitteln. Der so ermittelte Höchstwert beider Anzeigen stellt das Signalmaximum dar, das die Antenne liefert. Da die meisten Receiver nur Relativmessungen vornehmen, geben die Signalstärken und Prozentangaben keinen aussagekräftigen Hinweis auf die tatsächliche Stärke des Signals. Markant ist jedenfalls, dass der Qualitätspegel üblicherweise höhere Werte als der Signalpegel erreicht. Bei einer Signalstärke von etwa 65 % wird häufig eine Signalqualität von rund 85 bis 100 % angezeigt.

Kein Satellit gefunden?

Die eben beschriebene Methode fußt darauf, dass mit dem voreingestellten Elevationswinkel zumindest schon ein eindeutig identifizierbares Satellitensignal gefunden wird. Kommt es während des Ost-West-Schwenks zu keinem Ausschlag, weicht die eingestellte Elevation zu sehr vom Idealwert ab. Dies ist häufig der Fall, wenn am Spiegel kein Elevations-Winkelmesser beschriftet ist. Da man nun nicht weiß, ob die Antenne zu flach oder zu steil steht, ist die Elevation geringfügig zu ändern und der Ost-West-Schwenk abermals durchzuführen. Es können mehrere Durchgänge erforderlich sein, bis es zu einem Signalausschlag kommt. Wurde der Satellit einmal lokalisiert, ist die Elevationseinstellung, wie schon beschrieben, zu optimieren.

Mögliche Fehlerquellen

Wird trotz aller Bemühungen dennoch kein Satellit gefunden, können mehrere Gründe die Ursache sein. Digital-Receiver besitzen üblicherweise zwei Satelliten-ZF-Buchsen. Wurde das Antennenkabel fälschlicherweise auf „LNB OUT“ oder ähnlich beschriftet, angeschlossen, kann der Receiver keine

Satellitensignale empfangen. Nachdem das Kabel an der richtigen Buchse angeschlossen wurde, sollte es gelingen. In weiterer Folge gilt es, die F-Stecker selbst zu kontrollieren. Hat eine feine Litze des Schirms Verbindung zum Mittelleiter, entsteht ein Kurzschluss. Nach dem Entfernen der kurzschließenden Litze sollte es funktionieren.

Falsche LNB-Type eingestellt?

Seit etwa einem Jahrzehnt ist der so genannte Universal-LNB allgemeiner Standard. Neue Satelliten-Receiver sind ab Werk auf diese Type voreingestellt. Dazu sind im LNB-Konfigurationsmenü entweder „Universal“ oder die für diese Modelle typischen Zwischenfrequenzen 9.750 und 10.600 angeführt. Als alternative Schreibweisen kommen auch 9,75 und 10,6 vor. Es gibt aber auch andere LNB-Typen. Sie finden entweder bei älteren Anlagen oder für Sonderanwendungen Einsatz. Bei gebrauchten Geräten ist die Möglichkeit abweichender Einstellungen in Betracht zu ziehen. Dazu ist der Menüpunkt LNB-Konfiguration oder Antenneneinstellungen zu wählen. Hilfreich ist es auch, einen gebrauchten Receiver auf Werkseinstellungen zurückzusetzen. Das geschieht in der Regel mit einem eigenen Menüpunkt im Installationsmenü.

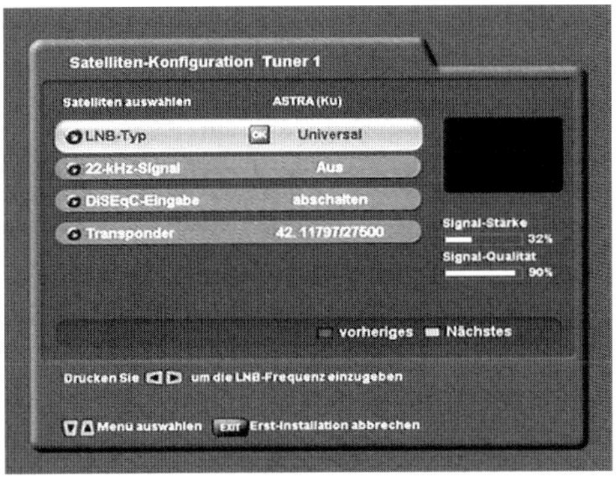

Korrekte LNB-Einstellungen entscheiden, ob der Receiver empfangene Satellitensignale auch wirklich verarbeiten kann. Allgemeiner Standard ist der Universal-LNB.

Satellitenanlage richtig anschließen

Es sind zumindest zwei Verbindungen herzustellen. Mit einem hochwertigen Satelliten-Koaxialkabel sind der an der Antenne montierte LNB und der Receiver zu verbinden. Dazu ist ein F-Stecker an der Buchse des LNB anzuschließen. Der F-Stecker am anderen Ende des Kabels ist an den Satelliten-ZF-Eingang des Receivers anzuschrauben. Die Buchse ist meist mit „LNB IN“ beschriftet.

Fernsehgerät und Videorekorder werden mit Scart-Kabeln angeschlossen. Dazu besitzen beinahe alle Boxen zwei Scart-Buchsen. Eine ist mit „TV“, die zweite mit „VCR“ beschriftet. Über die TV-Scart-Buchse ist ein Kabel zur AV1- oder AV2-IN-Buchse des Fernsehers zu verlegen. Hier kommt es darauf an, wie viele Scart-Anschlüsse der Fernseher besitzt, und welche bereits belegt sind. Im Zweifelsfalle ist in der Bedienungsanleitung des Fernsehgerätes nachzuschlagen. Am Fernseher ist der Receiver auf dem AV-Eingang zu sehen, an dessen Buchse man ihn angeschlossen hat. Bei vielen Modellen kann man direkt mit den Pfeiltasten der Fernbedienung auf AV-Kanäle wechseln. Das geht dann etwa in der Reihenfolge: Programmplatz 3, 2, 1, AV1, AV2, ... Häufig ist auch eine separate AV-In-Buchse auf der Fernbedienung des Fernsehers vorhanden. Mit ihr wählt man gezielt die AV-Eingänge an. Da moderne Geräte bis zu etwa vier AV-Eingänge haben, ist die Taste mitunter öfter zu drücken. Wird ein voll bestücktes Scart-Kabel verwendet, wird darüber auch ein Steuerimpuls übertragen, der den Fernseher automatisch auf den richtigen AV-Kanal schaltet, wenn man den Satelliten-Receiver einschaltet.

Video- oder DVD-Rekorder werden am Receiver an der VCR-Scart-Buchse angeschlossen. Von hier ist das Scart-Kabel zum AV-Eingang des Rekorders zu verlegen. Damit man aufzeichnen kann, ist am Rekorder der AV-Kanal, etwa AV1, einzustellen. Er ist auch bei Timer-Aufnahmen zu programmieren. Häufig sind Satelliten-Receiver auch mit einem Cinch-Ausgang ausgestattet. Er umfasst drei Buchsen. Der Video-Ausgang ist gelb, die analogen Stereo-Audio-Buchsen sind weiß (linker Kanal) und rot (rechter Kanal). Die Buchsen können für den Anschluss eines weiteren Fernseh- oder Videogeräts genutzt werden. Die Audio-Buchsen finden auch beim Anschluss an die Stereoanlage Verwendung.

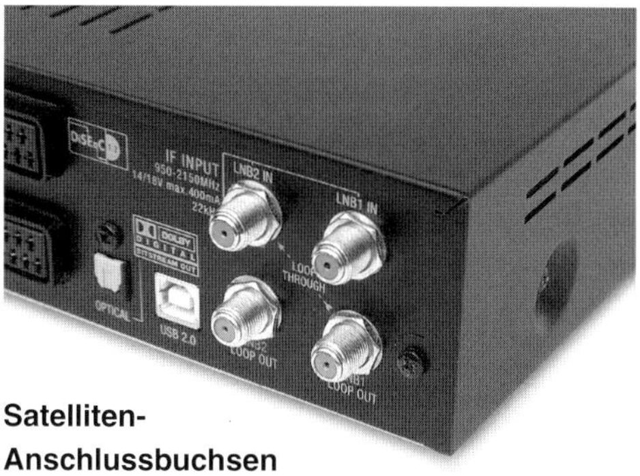

Satelliten-Anschlussbuchsen eines Digital-Receivers mit Doppeltuner. Das vom LNB kommende Kabel ist an der LNB-Eingangsbuchse (LNB IN) anzuschrauben.

Häufig ist in Digital-Boxen auch ein Cinch-AV-Ausgang eingebaut. An ihn kann man zum Beispiel die Hi-Fi-Anlage und einen Beamer anschließen.

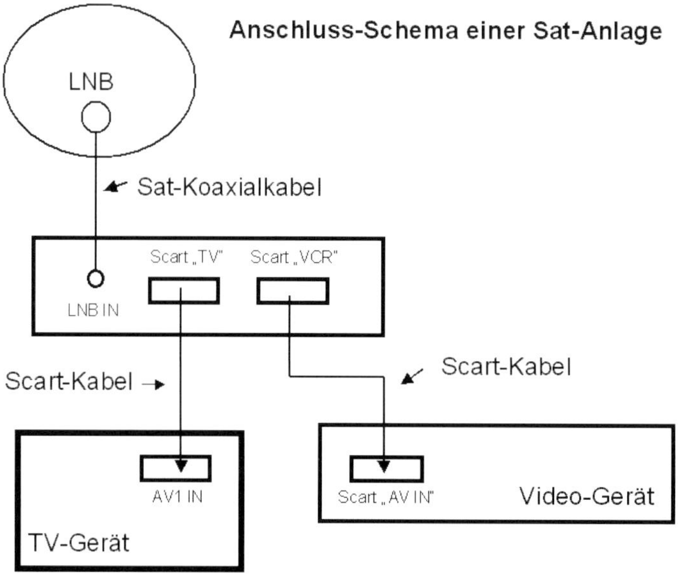

Anschlussschema einer Satellitenanlage.

Receiver in Betrieb nehmen

Bei der erstmaligen Inbetriebnahme eines neuen Receivers startet in der Regel eine Installationsroutine. In ihr sind alle wichtigen Parameter zu setzen. Sie ist selbsterklärend aufgebaut und fordert automatisch zur Eingabe der benötigten Daten auf. Die Steuerung erfolgt mit der OK- und den vier Pfeiltasten der Fernbedienung. An erster Stelle ist die gewünschte Sprache einzustellen. Verschiedene Modelle lassen die separate Wahl für Menü-, Audio- und Untertitelsprache zu. Weiter wird die Antennenkonfiguration abgefragt. Sie beinhaltet die verwendete LNB-Type. Hier kann man auch einstellen, ob ein oder mehrere Satelliten empfangen werden oder ob der Receiver an einer Drehanlage angeschlossen ist. Die voreingestellten Werte sind in der Regel für den Empfang „unseres" Astras optimiert. Damit passen sie bereits für beinahe alle Satellitenanlagen. Als abschließender relevanter Punkt gilt die Zeiteinstellung. Häufig bedienen sich die Digitalboxen dabei der, von Fernsehsendern ausgestrahlten Teletext-Zeit und übernehmen diese vollautomatisch. Damit aber auch tatsächlich die korrekte Zeit angezeigt wird, ist mitunter eine Zeitzonen-Einstellung erforderlich. Alternativ lassen sich Zeit und Datum auch manuell eingeben. Korrekte Zeit- und Datumseinstellungen sind für ein einwandfreies Arbeiten des Timers und EPGs erforderlich. Mitunter sucht das Gerät auch nach einem Satelliten-Software-Update. Wird eine neue Software-Version angeboten, sollte sie unbedingt am Gerät installiert werden. Die Aktualisierung nimmt etwas Zeit in Anspruch. Je nach Modell kann sie bis zu einer dreiviertel Stunde dauern. Währenddessen darf der Receiver nicht bedient werden. Mit einem automatischen Sendersuchlauf wird die Erstinstallationsroutine abgeschlossen. Damit hat man eine aktuelle Senderliste eingespeichert. Beim Scan werden vielfach deutsche Programme schon auf den vorderen Speicherplätzen abgelegt.

Viele Digital-Boxen sind bereits vorinstalliert. Bei ihnen ist keine Erstinstallation erforderlich. Man kann mit ihnen sofort fernsehen. Obwohl sie vorprogrammiert sind, empfiehlt sich auch bei ihnen, einen automatischen Sendersuchlauf vorzunehmen und nach aktueller Software zu suchen. Diese Schritte sind allerdings manuell vorzunehmen.

Nur selten werden in der Erstinstallationsroutine AV-Einstellungen abgefragt. Sie enthalten unter anderem auch das Bildformat des angeschlossenen Fernsehers. Hier ist einzustellen, ob das Fernsehgerät einen klassischen 4:3- oder neuen 16:9-Bildschirm hat. Ferner wird abgefragt, auf welche Weise Fernsehsendungen gezeigt werden sollen. Für stets formatrichtige Wiedergabe ist für ein 4:3-Gerät „Letterbox", für 16:9-Bildschirme „Pillarbox" einzustellen. Da AV-Einstellungen nicht zu den grundlegenden, für Satellitenempfang erforderlichen Parametern gehören, sind sie meist manuell in der Menüoberfläche vorzunehmen.

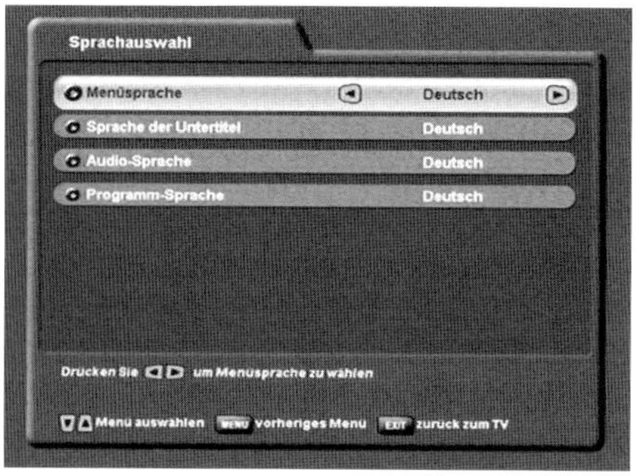

Die Autoinstallation fragt als erstes die bevorzugte Menüsprache ab. Damit ist die leichte Orientierung in der Bedienungsoberfläche gewährleistet.

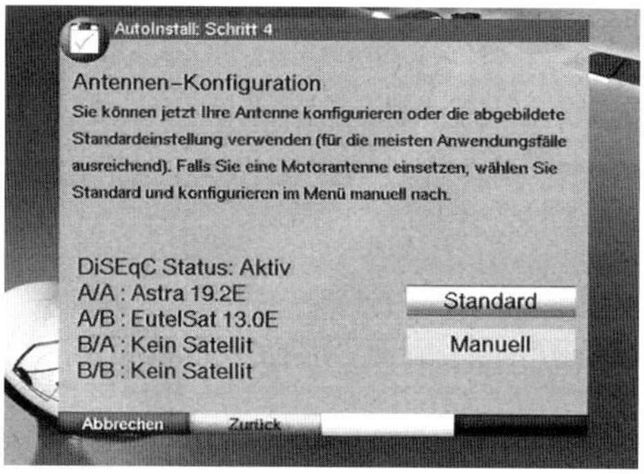

Weiter wird die Antennenkonfiguration abgefragt. Die voreingestellten Parameter passen für fast alle Anlagen.

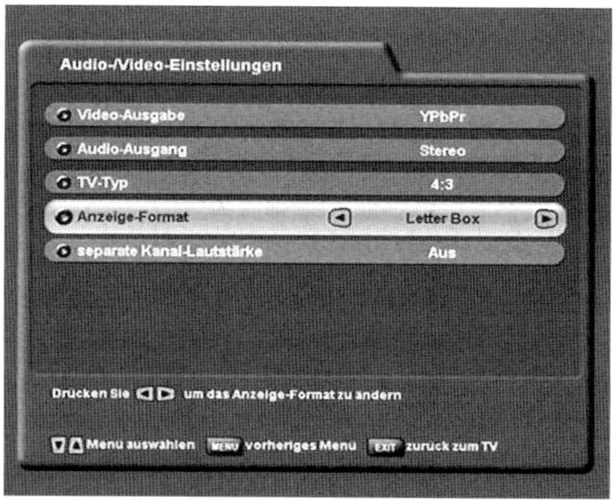

AV-Einstellungen sind wichtig für korrekte Bildwiedergabe. Sie sind meist manuell vorzunehmen.

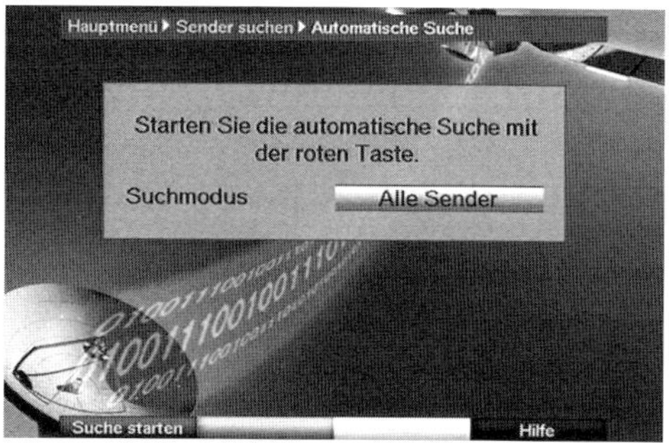

Der automatische Sendersuchlauf ist nur mit einem Tastendruck zu starten. Der Rest geht automatisch vor sich.

Alle gefundenen Sender werden in zwei Listen abgelegt. Links die Liste für Fernsehkanäle, rechts jene für Radioprogramme. Die Umschaltung zwischen Fernseh- und Radiosendern erfolgt im täglichen Betrieb mit der TV/Radio-Taste der Fernbedienung.

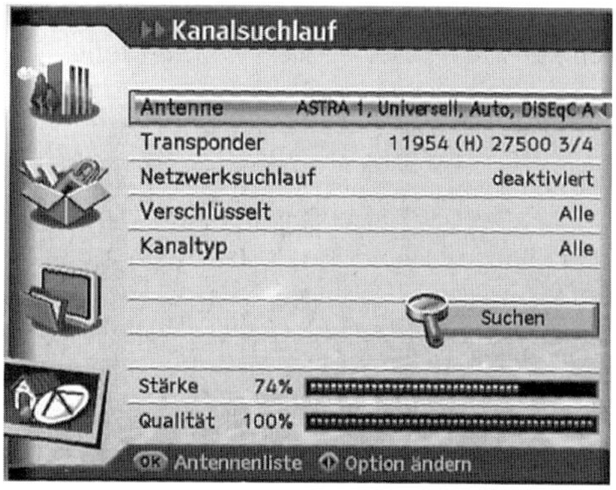

Menüoberflächen für Kanalsuchläufe können auch umfangreicher gestaltet sein. Auch sie sind nur per Knopfdruck zu starten (im Bild „Suchen“ rechts unten).

Tipps zum täglichen Betrieb

Für den täglichen Betrieb werden nur wenige Knöpfe der Fernbedienung benötigt. Am wichtigsten sind neben der Ein-/Aus-, die Programmwahl-Tasten. Sender werden entweder der Reihe nach mit den Pfeiltasten angesteuert. Sie können mit dem Ziffernblock aber auch direkt gewählt werden. Durch drücken der OK-Taste zeigen die meisten Boxen die Senderliste. Sie gibt besseren Überblick und lässt die gewünschte Station schneller finden. Um die Vorteile des Digitalfernsehens weiter zu nutzen, sind noch die EPG- und Info-Taste wichtig. Sie zeigen Programmvorschauen, bieten komfortable Timer-Programmiermöglichkeiten und geben unter anderem Auskunft über Details zu Sendungen. Der tägliche Betrieb lässt sich aber durch einige vorzunehmende Einstellungen komfortabler gestalten. Sie hängen jedoch von den Features ab, die das Gerät bereitstellt.

Senderlisten verwalten

Die Reihenfolge der im Receiver eingespeicherten Stationen entspricht nur selten den eigenen Vorstellungen. Hier hilft, die Senderliste den persönlichen Wünschen entsprechend neu zu sortieren. In einer einfachen Menüoberfläche können Programme auf andere Speicherplätze verschoben werden. Damit ist es etwa möglich, bevorzugte Sender auf die vorderen Speicherplätze zu reihen. Für eine umfangreiche Neugestaltung der Astra-Senderliste sind etwa 30 bis 45 Minuten zu veranschlagen. Da Fernseh- und Hörfunksender in separaten Listen gespeichert sind, sind sie auch gesondert zu bearbeiten. Je nach Ausstattung des Receivers lassen sich Programme auch umbenennen, einzelne Kanäle sperren oder löschen. „Kanäle sperren“ verhindert zum Beispiel den unberechtigten Zugang un-

Senderlisten lassen sich umfangreich bearbeiten. Besonders die Funktion „Sender sortieren“ steigert den Bedienungskomfort enorm.

Menüoberfläche „Kanäle verschieben“: Programme werden einzeln auf den neuen Programmplatz verschoben.

serer Kinder zu Erwachsenenprogrammen. Man kann gesperrte Programme nur durch Eingabe eines geheimen, zuvor festgelegten vierstelligen PIN-Codes auf dem Bildschirm sichtbar machen.

Favoritenlisten

Neben der Hauptsenderliste bieten viele Boxen auch die Möglichkeit, Favoritenlisten einzurichten. Das sind zusätzliche Programmlisten, in denen man Lieblingssender zusammenfassen kann. Es kann zum Beispiel von jedem Familienmitglied eine eigene Liste angelegt werden, in denen nur jene Kanäle enthalten sind, die die einzelnen Personen bevorzugt nutzen. Favoritenlisten eignen sich auch, um Programme nach Sparten zu sortieren. So können etwa in mehreren Listen Sport-, Nachrichten-, Dokumentations-, Musik-, Film- oder Entertainment-Sender zusammengefasst werden. Innerhalb einer Favoritenliste stehen nur die Programme zur Verfügung, die in ihr abgelegt sind. Das erlaubt ein besonders schnelles Zappen. Einzelne Programme können auch in mehreren Listen enthalten sein. Alle, in Favoritenlisten enthaltenen Sender bleiben auch weiterhin in der Hauptsenderliste erhalten. Das Einrichten einer Favoritenliste nimmt keinen Einfluss, etwa auf die Reihenfolge der in der Hauptliste enthaltenen Stationen.

Wie viele Favoritenlisten bereitstehen, ist modellabhängig. Sehr preiswerte Einsteiger-Boxen bieten mitunter gar keine oder nur eine Favoritenliste. Meist lassen sich etwa fünf Listen generieren. Es gibt aber auch Modelle, die weitaus mehr Listen zulassen.

Teletext und Untertitel

Viele Sender strahlen auch Teletext aus. Üblicherweise leiten Digital-Boxen Teletext-Infos an das Fernsehgerät weiter. Damit ist am Fernseher das Textangebot wie gewohnt, auch bei allen Satellitenkanälen nutzbar. Zusätzlich bieten zahlreiche Receiver die Option, Teletext auch direkt über die Receiver-Fernbedienung

Hier werden gerade bevorzugte Kanäle in eine Favoritenliste übernommen.

Im Auswahlmenü legt man fest, welche Favoritenliste man gerade nutzen möchte.

Favoritenlisten erlauben nur den Zugang zu den Kanälen, die in ihnen abgelegt sind.

zu nutzen. Die Wiedergabe-Qualität ist aber meist schlechter, als wenn man die Textseiten direkt über das Fernsehgerät aufruft. Auch der Bedienungskomfort reicht selten an den des Fernsehers heran. Zu ausgesuchten Sendungen werden Teletext-Untertitel ausgestrahlt. Sie helfen vor allem hörbehinderten Zuschauern. Untertitel-Optionen lassen sich wie gewohnt, weiter direkt am Fernseher nutzen, stehen aber oft auch am Receiver bereit.

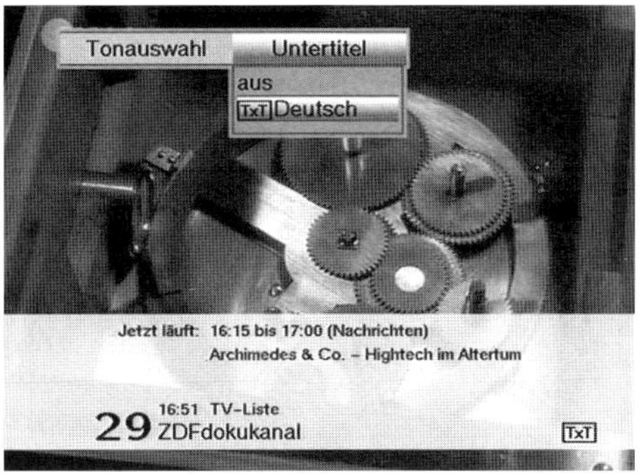

Untertitel-Menü eines Digital-Receivers.

Leserservice

Satelliten-Receiver mit Festplatte

Tipps zum Kauf und zur Bedienung

Der Festplatten-Recorder erobert die Wohnzimmer! Kein Wunder: Hochwertige Festplatten-Receiver überzeugen durch zahlreiche ebenso interessante wie nützliche Ausstattungsmerkmale. Die eingebaute Festplatte bietet nicht nur Platz für viele Stunden lange Videoaufnahmen, sondern kann auch Radioprogramme tagelang aufzeichnen. Zwei getrennte Empfangsteile (Tuner) erlauben das Aufzeichnen einer Sendung, während eine andere gesehen und/oder ebenfalls aufgezeichnet wird.

Hier erklärt ein bekannter Fachautor in leichtem Stil, was man über Festplatten-Receiver wissen sollte. Man muss dieses Buch nicht bis zu Ende lesen, um die Scheu vor den neuen digitalen Empfangsmaschinen vollständig zu verlieren!

Umfang: 48 Seiten **Best.-Nr.: 411 0120**
Abbildungen: 60 **Preis: 4,80 €**

Satellitenanlagen selbst installieren

Eine Satellitenanlage kann zu einem erschwinglichen Preis gekauft und – mit dem entsprechenden Know-how – innerhalb von Stunden selbst installiert werden. Dieses Buch begleitet Sie mit vielen praktischen Tipps und Tricks von der Planung, über die Wahl der richtigen Komponenten bis hin zur handwerklichen Ausführung. Der Autor schöpft aus seinem umfangreichen Erfahrungsschatz, den er in seiner langjährigen Praxis bei der Installation zahlreicher Satellitenanlagen gesammelt hat. Diese Erfahrungen möchte der Autor mit dem Leser teilen, um die wunderbare Welt des Satellitenempfangs näher zu bringen.

Umfang: 80 Seiten **Best.-Nr.: 411 0122**
Abbildungen: 54 **Preis: 11,80 €**

Mehrere Satelliten mit einer Antenne empfangen

Dieses Buch weist den Weg zur internationalen Satellitenwelt. Doch welche und wie viele Programme man empfangen kann, hängt von den topografischen Gegebenheiten und der Antennenanlage - Schüsselgröße, Dreh- oder Multifeed-Anlage - ab. Zu diesen Themen liefert das Buch dem Praktiker leicht verständlich alle relevanten Informationen. Er wird staunen, welche Satelliten in Mitteleuropa verfügbar sind. Eine Dreh- oder Multifeed-Anlage schon zum kleinen Preis macht's möglich!

Umfang: 128 Seiten **Best.-Nr.: 411 0117**
Abbildungen: 219 **Preis: 12,80 €**

Der VTH-Katalog zum Thema TV-Empfang!

Jetzt kostenlos und unverbindlich anfordern!

Bestellen Sie jetzt! Wir liefern sofort.

Verlag für Technik und Handwerk GmbH
Bestellservice • 76526 Baden-Baden
Tel.: 07221/508722 • Fax 07221/508733
E-Mail: service@vth.de • Internet: www.vth.de